관엽식물에 대한 궁금증이 이 책 한 권으로 해결!

알쏭달쏭 관엽식물 키워보기

구리토 지음 | 김소영 옮김

시그마북스
Sigma Books

알쏭달쏭
관엽식물 키워보기

발행일 2024년 6월 1일 초판 1쇄 발행
지은이 구리토
옮긴이 김소영
발행인 강학경
발행처 시그마북스
마케팅 정제용
에디터 최윤정, 최연정, 양수진
디자인 김문배, 강경희, 정민애

등록번호 제10-965호
주소 서울특별시 영등포구 양평로 22길 21 선유도코오롱디지털타워 A402호
전자우편 sigmabooks@spress.co.kr
홈페이지 http://www.sigmabooks.co.kr
전화 (02) 2062-5288~9
팩시밀리 (02) 323-4197
ISBN 979-11-6862-243-2 (13520)

STAFF
デザイン　mocha design
撮影　くりと
イラスト　かわべしおん
DTP　NOAH
校正　文字工房燦光
編集　高梨奈々、石坂綾乃（KADOKAWA）

* 시그마북스는 (주) 시그마프레스의 단행본 브랜드입니다.

머리말

안녕하세요, 원예 가게 점원 구리토입니다.
저는 집에서 현재 100종류가 넘는 관엽식물을 기르고 있는데, 그런 경험을 바탕으로 알게 된 노하우들을 주로 SNS에 올리고 있답니다!
이 책에서는 식물 기르는 법, 그리고 제 인스타그램으로 많이 보내주셨던 문제 대처법 등을 중심으로 해설하려고 합니다.

관엽식물은 이제 우리의 삶 속에 당연하듯 자리 잡았고, 누구나 가볍게 구입해서 즐길 수 있는 취미가 되었습니다.
그런데 실제로 길러 보면, 모양이 점점 들쑥날쑥 못나 보이기도 하고 잎도 말라버리는 등 문제가 끊이질 않습니다.

그래서 도움을 구하고자 인터넷을 찾아보면, '물을 잘 줘야 하지만 너무 많이 주면 뿌리가 썩으니까 적당히 주세요'라든가 '밝은 곳에 둬야 하지만 잎이 탈 수도 있으니 반나절은 그늘에 두세요'라는 식이더라고요. '그래서 어떻게 하라는 거야!'라는 생각이 절로 나오는 경험, 해본 분도 많을 겁니다.

처음에 잘 몰랐을 때 저는 그렇게 느꼈거든요.

그때부터 열심히 파고들던 중에 알게 된 사실이 있습니다.

바로 **눈앞에 있는 식물의 상황을 모르기 때문에 찾아봤자 어떤 해결책이 맞는 건지 알 수 없다**는 거지요.

예를 들어, 새싹이 돋았는데 잎이 점점 누레지는 식물이 있습니다.

식물에 익숙한 분들은 '분갈이를 하지 않고 내버려 뒀더니 뿌리가 화분 바닥까지 잘 뻗지 못해서 새싹은 나지만 오래된 잎은 누렇게 변하는구나. 일단 분갈이를 하자'라고 생각할 거예요.

하지만 익숙하지 않은 분들은 '새싹은 나는데 왜 잎이 누레지는 걸까? 뿌리가 썩은 건가? 꽂아서 쓰는 발근 촉진제를 줘 봐야겠다'라며 식물이 원하는 것과 다르게 대처하는 경우가 종종 있습니다.

그 결과, 성장하지 못한 식물은 온도나 습도가 확 변하는 장마 후나 겨울철을 나다가 힘이 다 빠져버립니다.

사실은 식물을 좋아하지만, 자꾸 시들게 만드니까 손을 댈 수가 없는 거지요.
그런 분들에게 제가 지금까지 경험하고 배운 지식을 알기 쉽게, 그리고 무엇보다 즐겁게 알려 드리고 싶습니다. 식물이 있는 삶은 얼마나 즐거울까요? 그렇게 되길 바라는 마음으로 이 책을 집필했습니다.

저는 식물도 동물도 모두 자신의 의지를 가진, 인간과 같은 생물로 느껴집니다.
이 책에서도 그들을 '이 아이'라고 표현하거나, 그들의 상황에 조금이라도 흥미를 느낄 수 있도록 살짝 어려운 이야기도 최대한 알기 쉽게 예를 들어 설명합니다.
일반적인 원예 서적에는 나오지 않는 부분까지 즐겁게 읽어주셨으면 좋겠습니다.

끝까지 읽었을 무렵에는 분명 당신도 지금보다 더 식물을 좋아하게 될 겁니다.
저는 누구보다 식물을 좋아한다고 자부하는데, 이 책을 선택해주신 여러분이 '제가 더 식물을 좋아할걸요!'라는 마음이 생긴다면 정말 기쁠 거예요.

구리토

차례

CHAPTER 2

구리토 추천! 관엽식물 카탈로그

CHAPTER 3

식물이 기뻐하는 관리의 기술

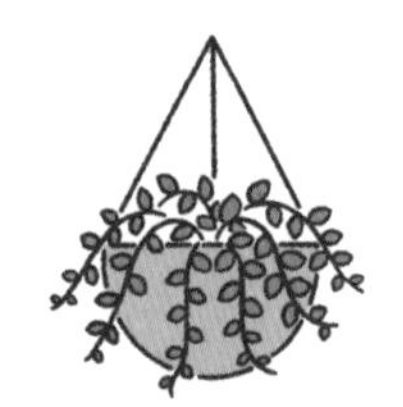

CHAPTER 4

원예 점원 스킬 공개! 트러블 슈팅

CHAPTER
1

식물의
마음 알기!

기본 양육법

관엽식물 고르기 ①

처음으로 들인다면 추위에 강하고 기르기 쉬운 아이부터!

에 식물을 처음 들인다면, 일단 '기르기 쉬운 식물'이 좋습니다.

따뜻한 곳에서 태어난 관엽식물들은 추운 곳을 싫어합니다. 그래서 사계절이 있는 곳에서 살아가기가 조금 힘에 겹지요. 그럼 **식물을 처음 들이는 분들이 선택하면 좋은 '추위에 강하고 기르기 쉬운 식물'**을 소개하겠습니다.

일단 **몬스테라**(사진❶)가 제격입니다. 몬스테라는 머그잔 크기부터 방의 심볼 트리로 더할 나위 없는 크기까지, 폭넓게 유통되고 있답니다. 수형도 다양하게 만들 수 있어서 언제 봐도 즐거운 아이지요! 그 중에는 '무늬 몬스테라'라고 불리는 것들도 있으니 기르기가 익숙해졌다면 가게에서 찾아보세요.

나무처럼 생긴 아이를 좋아한다면 **뱅갈고무나무**(사진❷)(휘커스 벤갈렌시스)를 추천합니다. 잎의 선명한 초록 빛깔과 희끄무레한 줄기가 방의 분위기를 화사하게 만들어줍니다. 수형도 잘 흐트러지지 않아 인테리어 측면에서도 매우 좋은 식물로 인기가 많아요!

이렇게 두 종류는 대체로 8℃ 이상을 유지해주면 겨울을 날 수 있는데, 추위에 더 강한 품종도 있습니다. 바로 **극락조화**(사진❸)(스트렐리치아)와 **홍콩야자**(사진❹)입니다. 이 아이들은 2~3℃ 부근까지 견딜 수 있습니다.

식물은 어디서 사는 게 좋을까?

저렴하고 사기 편한 곳은 대형 마트의 원예 코너입니다. 기르기 쉬운 식물을 저렴하게 판매하지만, 희귀한 식물은 잘 들어오지 않지요. 희귀식물을 원한다면 조금 더 수고를 들여서 원예 전문점을 찾아보세요.

어두운 곳이나 밝은 곳 어디에서나 잘 자라는 것이 특징입니다. 수형이 흐트러졌을 때는 줄기를 잘라 간단히 정돈할 수 있어 추천합니다.

1 몬스테라

3 극락조화

이 아이가 있으면 따뜻한 남쪽 나라에 와 있는 듯한 분위기가 단번에 살아나는데, 튼튼하고 기르기 쉽습니다! 하지만 뿌리가 비대해지는 특징이 있어서 도자기 화분에 계속 넣어두면 깨지고, 플라스틱 화분에 넣어두면 화분 모양이 변하니 주의하세요.

어두운 곳에서 기르면 성장이 늦어지긴 하지만 시들지는 않는 굳센 아이입니다. 사진처럼 늠름하게 뻗은 수형 말고 곡선으로 꾸밀 수도 있어 기르는 맛이 있는 식물이지요.

2 뱅갈 고무나무

4 홍콩야자

어떻게 이렇게까지 강인한 건지 알 수 없지만, 아무튼 온도나 건습 변화에 강하다는 인상을 주는 홍콩야자. 방에 들인다면 옮겨 다니지 말고 한 곳에 자리를 잡게 하세요.

관엽식물 고르기 ②

식물을 고를 때 중요 포인트! '이상적인 모습으로 자랄까?'

관엽식물을 기르면서 '응? 왠지 생각한 대로 자라 주지 않는데?'라고 느끼는 분들이 의외로 많은 듯합니다.

이 파키라(사진❶)를 보세요. **굵직한 줄기 끝부분이 잘려 나갔어요. 이것은 손질 방법 중 하나로 '순 자르기'라고 불리는데, 식물이 그 이상 자라지 않도록** 하는 거랍니다. 식물을 작은 모종으로 심어서 인간의 키만큼 크게 기르고 싶은 분들은 이렇게 순 자르기가 되어 있는 식물은 피하세요. 그래도 **순 자르기를 하면 곁에 새싹이 잘 돋고 아담한 사이즈로 즐길 수 있다는 장점**도 있답니다. 주방 카운터나 책상 등에 두기에 안성맞춤인 아이로 자라나지요.

다음으로 **'모양'**과 **'웃자람'***이라는 특징을 꼭 알아두세요. 관엽식물 중에는 잎에 흰색이나 노란색 무늬가 나타나는 종류가 있습니다. 모양이 있는 식물을 '반입(Variegation) 식물'이라고 하는데, **어두운 곳에서 기르면 이 희끄무레한 부분이 초록 빛깔을 띠게 됩니다.** 그리고 **빛과 동떨어진 곳에 둔 식물은 밝은 쪽을 향해 줄기나 잎을 뻗으며 자라납니다.** 나중에 보면 가느다란 가지가 휘청휘청 자라 있기도 하지요.

식물은 어디에 두는가, 어떤 모습으로 자라길 바라는가를 고려해서 고르세요. 어두운 곳에 둘 예정이라면 무늬가 없는 아이나 어느 정도 뻗어나가도 괜찮은 아이를 고르는 게 좋을 수도 있습니다.

* 웃자람: 빛의 양이 부족해서 식물의 줄기가 가느다랗게 비실거리며 자라는 것.

식물은 빛을 좋아한다? 따지자면 그늘을 더 싫어하는 것

식물은 빛을 좋아해서 밝은 쪽을 향한다? 그렇다기보다는 어두운 곳을 싫어하기 때문에 열심히 밝은 쪽으로 뻗어가려는 성질이 있답니다. 식물은 뛰어난 빛 센서를 갖고 있어서 자신이 그늘에 있으면 알아차릴 수가 있거든요.

순 자르기란 사진처럼 굵직한 줄기의 끝부분을 자르는 것.

창가에서 먼 탓에 줄기가 쭉 뻗어버렸지만, 이 모습도 정말 귀엽지요.

중간부터 잎의 색깔이 희끄무레해졌지요. 어두운 곳에 뒀을 때 나온 잎은 초록색이고, 밝은 창가에 뒀을 때 나온 잎은 이렇게 흰색을 띠어요.

이런 식으로 순 자르기를 하지 않아 올곧게 뻗은 파키라도 시중에 팔려요. 보통 '실생 파키라'라고 부르지요. 씨를 뿌려서 자란 아이예요!

손질에 필요한 도구

관엽식물을 기를 때 꼭 필요한 아이템 4가지!

식물을 즐기기 위해 준비해야 할 필수품을 소개하겠습니다.

첫 번째는 **물을 줄 때 편리한 물뿌리개.** 개인적으로는 **용량이 딱 1ℓ**이고 입구가 가늘게 휘어져 있으며 물이 부드럽고 일정하게 나오는 물뿌리개가 마음에 들어 애용하고 있습니다.

두 번째로 **전지 가위**도 꼭 준비하세요. 싹둑 잘 잘리는 고급품이라면 물론 좋겠지만, 엄청나게 굵은 가지를 자를 게 아니라면 **저렴한 것도 괜찮습니다.** 저는 아직도 균일가 생활용품점 가위를 쓰고 있답니다. 하나 주의할 점은 문구용 가위를 여기저기에 쓰는 것은 좋지 않다는 거예요. **저렴해도 좋으니 식물 전용 가위를 준비**하세요.

세 번째는 **원통형 모종삽.** 일반 삽과는 다르게 **컵처럼 흙을 퍼 담을 수 있는 도구입니다.** 흙이 새는 일도 별로 없고 다루기 쉬우니 추천합니다.

네 번째는 **분무기.** 잎을 촉촉하게 적시거나 공중 식물에 물을 줄 때 사용합니다. 분무기는 천 원짜리부터 비싼 전동식, 물이 안개처럼 곱게 분사되는 타입까지 다양한 종류로 판매되고 있지요.

이렇게 최소한 4가지는 꼭 준비하세요. 그 밖에도 있으면 편한 도구가 있는데, 첫 번째는 **핀셋**입니다. 얽힌 뿌리를 풀 때 편리합니다. 두 번째는 **스포이트.** 액체 비료 등을 줄 때 어떤 용기든 따르기가 쉬워서 편합니다.

정말로 저렴한 도구를 써도 될까?

아무런 상관없습니다. 하지만 앞서 나온 4가지 도구 중에서 돈을 가장 많이 들인다면 가위겠네요. 가위에는 가지를 절단해야 하는 역할이 있어서 큰 가지를 자를 때는 어느 정도 괜찮은 가위가 필요하거든요.

비료의 대부분은 물 1ℓ에 비료 캡 하나, 한 스푼 등의 분량으로 희석하기 때문에 1ℓ짜리 물뿌리개가 사용하기 편합니다. 물을 많이 쓴다면 2ℓ짜리 페트병도 좋지요. 이건 제가 애용하는 릿첼의 물뿌리개예요. 뭐니 뭐니 해도 정확히 1ℓ가 들어가는 용량과 입구 모양이 최고지요.

1 물뿌리개

3 원통형 모종삽

이런 식으로 흙을 풀 수 있으니까 주위에 흘릴 일도 별로 없고 실내에서 분갈이할 때도 정말 간단해요!

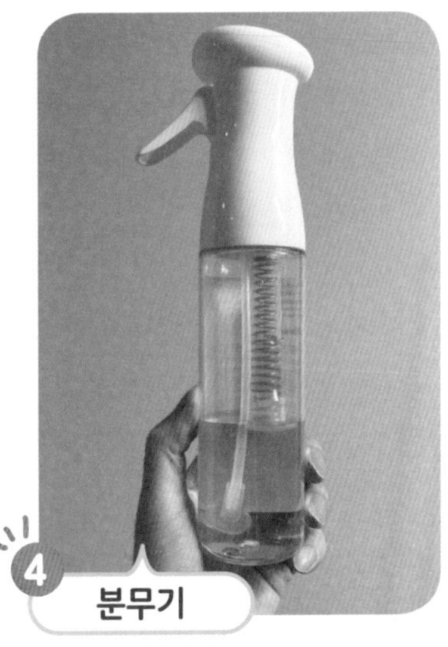

4 분무기

고운 안개가 길게 분사되는 타입의 분무기. 역시 이 타입이 쓰기 편해요.

2 전지 가위

다루기가 쉬워서 좋아하는 형태예요. 굵은 가지는 자르지 못하지만요….

있으면 편리!

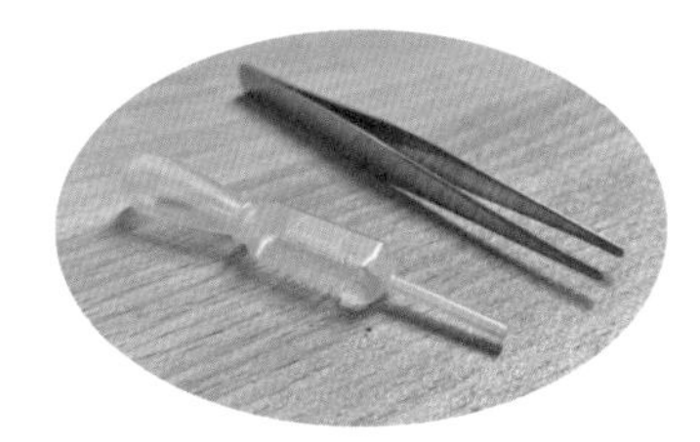

핀셋은 만지기 싫은 것(벌레 같은), 틈에 끼인 돌 등을 빼낼 때도 편리해요. 스포이트는 액체 비료를 줄 때 씁니다.

첫 손질

식물을 들였다면 이것부터!
방충 대책 4가지 추천

집에 식물을 들였다면, **먼저 벌레가 붙어 있진 않은지 확인해서 대책을 세워야 합니다.** 해충이 있는 줄도 모르고 방치했다가는 소중한 식물이 시름시름 앓거나 방에 날파리가 날아다니는 등, 안 좋은 일투성이입니다. 저는 방에서 벌레를 맞닥뜨리고 싶지 않아서 귀찮아도 꼭 하고 있답니다.

일단 줄기와 잎이 붙어 있는 곳과 잎이 무성한 뿌리목 쪽을 잘 확인하세요. 이 두 곳은 특히 성가신 진딧물과 깍지벌레가 숨기 쉬운 곳이니 꼭 확인해야 합니다.

다음으로 해야 할 일은 **화분을 물에 가라앉혀 두는 것.** 날파리 등을 제거할 때는 **식물을 흙까지 통째로 물속에 담그는 방법**이 아주 간단합니다. 벌레들은 대부분 물에 뜨기 때문에 **떠오른 벌레를 떠서 제거**할 수 있습니다.

세 번째는 **잎에 물을 확실히 주는 것.** 식물의 잎에는 먼지가 꽤 앉아 있거나 잎 뒤쪽에 응애라는 벌레가 숨어 있기도 합니다. 이것은 물을 뿌려서 날려버릴 수가 있지요.

네 번째는 **화분을 띄우는 것.** 대부분 가게에 진열되어 있는 식물 화분에는 화분 바닥돌*이 들어 있지 않아요. 그래서 **화분을 그대로 바닥에 딱 붙게 놓으면 벌레가 좋아하는 습한 환경이 생기니** 주의가 필요합니다. 간단한 방법으로는 페트병 뚜껑을 끼워서 화분을 살짝 띄우는 것이 효과적이지요.

* 화분 바닥돌: 화분 바닥에 깔아서 쓰는 경석 등 배수성이 좋은 돌.

대형 식물은 어떻게 물에 담글까?

커다란 식물을 물에 담그기는 어려우므로 눈으로 확인하고 약제를 써서 대체하는 것이 무난해요. 벌레가 나올까 봐 흙이 신경 쓰인다면, 분갈이를 해서 흙을 갈아주세요.

뿌리목은 벌레가 잘 보이지 않으니 잎을 헤집어서라도 해충을 확인하세요.

한 사이즈 더 큰 양동이 등을 준비해서 화분을 넣고, 흙이 수면 아래에 푹 잠길 정도로 물을 채우세요.

수압을 강하게 해서 샤워를 시키면 잎이 깨끗해져요.

화분 바닥을 띄우기만 하면 되니까 페트병 뚜껑도 효과적이에요!

식물을 심는
흙 고르기

실내에서 식물을 기른다면 무기질에 배수성이 높은 흙을

'식물에는 어떤 흙이 좋을까?' 궁금한 분들도 많을 겁니다. 원예점에 가면 정말 여러 가지 흙이 있는데, 무엇을 골라야 할지 고민이 되지요. 실내에서 관엽식물을 즐긴다면 이런 흙을 추천합니다.

첫 번째는 **무기질일 것.** 무기질 흙이란, 간단히 말하자면 모래나 적옥토 등, **광물로 만든 흙**입니다. 많이 들어 본 부엽토는 잎을 발효시킨 유기질 흙이지요. **무기질 흙의 장점은 흙에 벌레가 쉽게 접근하지 못한다는 점.** 실내에서 기르는 식물과 찰떡궁합입니다!

두 번째는 **배수성이 높을 것.** 실내는 야외에 비해 젖으면 잘 마르지 않아요. 빨래도 밖에서 훨씬 더 잘 마르니까요. **무기질 흙은 물을 잘 내보내기 때문에 실내에 안성맞춤**이랍니다.

사실 **흙은 식물을 심은 그 순간부터 점점 기능이 떨어지지요.** 새 흙은 크기가 적당한 알갱이로 구성되어서 알갱이와 알갱이 사이에 틈이 생깁니다. 그런데 흙의 기능이 떨어지면 알갱이가 부서져서 너무 자잘해지는 탓에 흙 속의 틈새란 틈새는 전부 다 막히게 된답니다. 그런 공간이 없는 흙에서는 뿌리가 옴짝달싹 못 하게 되어 점점 시들해지는 것이지요. 따라서 **'좋은 흙도 언젠가는 나쁜 흙이 된다'**라는 사실을 잊지 말고, **정기적으로 새 흙으로 갈아주세요.** 뿌리는 새 흙을 아주 좋아하니 새 흙으로 갈아주면 곧바로 새 뿌리가 날 거예요.

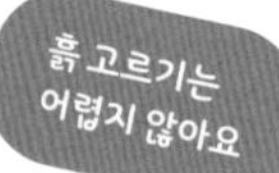

무기질 흙과 궁합이 나쁜 식물도 있다

예를 들어, 양치식물인 박쥐란이나 섬공작고사리, 난초과인 호접란(팔레놉시스). 이러한 식물은 바위의 표면이나 다른 수목 등에 달라붙어서 살기 때문에 무기질 흙을 좋아하지 않아요. 물이끼와 궁합이 좋지요.

거무스름한 유기질 흙은 젖어 있는지 바로 알 수 없어서 물을 줘도 되는지 판단하기가 어려워요.

이것이 무기질 흙. 물이 남지 않는 이상적인 흙은 틈이 있어 공기가 남는 층이 있기 때문에 식물도 아주 좋아해요.

양치식물처럼 무기질 흙과 궁합이 나쁜 착생식물은 물이끼에 심으면 잘 자라요.

아주 촘촘해진 흙 알갱이에 막혀 물이 잘 통하지 않는 나쁜 흙에 물을 주면 잘 마르지 않아요.

식물을 넣을 화분 고르기

식물도 화분을 고르고 싶다! 화분 구멍이 많은 것에 끌려요

누구나 예쁜 화분을 골라 식물을 심고 싶어 하지요! 인테리어 색깔에 맞추기도 하고 방에 포인트가 되는 컬러를 쓰기도 합니다. 사실 **식물들도 화분을 고르고 싶어 한답니다.** 화분은 자신의 취향만 따지지 말고, 식물도 마음에 들어 할지를 같이 생각하세요.

식물은 물이 잘 빠지는 화분을 좋아해요. 화분 바닥에 구멍이 많이 뚫려 있거나 옆쪽에 숨구멍이 있는 화분은 물이 아주 잘 빠지지요. 화분의 물이 잘 빠지면 안에 있는 흙도 잘 마르기 때문에 식물은 매번 신선한 물을 빨아들여 기분 좋게 자랍니다.

그런데 예쁜 화분일수록 바닥에 구멍이 하나만 나 있는 경우가 많습니다. **구멍이 하나만 있으면 물이 잘 빠지지 않아서** 전에 줬던 물이 계속 남아 축축하니까 식물이 싫어하지요. **마음에 드는 화분의 구멍이 하나라면, 제올라이트처럼 뿌리가 썩는 걸 막아주는 방지제를 바닥에 넣어**보세요. 제올라이트는 천연 정수기 같은 역할을 하니까 식물도 기뻐할 거예요.

개인적으로 초보자분들부터 인테리어를 좋아하는 분들까지 **추천하고 싶은 건 슬릿 화분과 화분 커버의 조합**입니다. 슬릿 화분은 겉보기에는 심심하지만, 물이 아주 잘 빠지기 때문에 그대로 화분 안에 넣어도 식물의 생육을 방해하지 않지요. 기능도 외관상으로도 아주 괜찮게 꾸밀 수 있답니다.

입구가 좁고 세련된 화분은 주의!

입구가 좁고 안이 넓은 화분. 여기에 식물을 넣고 잠깐 길러 보면, 뿌리가 점점 퍼져서 분갈이를 할 때 입구가 좁아 잘 빠지지 않지요. 아깝지만 깰 것을 각오하고 쓰거나, 화분 커버로 사용하는 것을 추천해요.

물이 잘 빠지는 이상적인 화분

이렇게 구멍이 많은 화분은 안심이 돼요!

제올라이트는 이거

천연 정수기 제올라이트. 이걸 넣어두기만 해도 뿌리가 잘 썩지 않지요.

구멍이 하나뿐인 화분

구멍이 하나뿐인 화분은 보기엔 예쁘지만 물이 잘 빠지지 않아요. 정말 예쁘긴 하지만요….

슬릿 화분과 화분 커버 콤비

이게 바로 최강의 조합입니다! 좋아하는 화분 커버로 예쁘게 꾸며 보세요.

관엽식물 기르기 기본

빛, 물, 바람을 식물마다 잘 쓰는 것이 건강하게 기르는 비결

식물들은 모두 빛을 아주 좋아합니다. 그런데 사람 중에도 햇빛이 닿으면 바로 발갛게 타는 사람이 있는 것처럼, 식물에도 햇빛이 잘 맞는 식물과 그렇지 않은 식물이 있지요.

뭉뚱그려 말해보면, **잎이 두꺼운 식물일수록 빛에 강하고 잎이 얇고 섬세한 식물일수록 빛에 약한** 경향이 있습니다. 빛을 어느 정도 받는 것을 좋아하는지, 집에 있는 식물들의 취향을 잘 확인해보세요.

식물마다 개성이 다르기에 물을 주는 빈도도 달라요. 큰 특징으로는 **잎이 두툼하고 잎의 개수가 적은 식물일수록 물을 적게 줘도 되고, 잎의 수가 많은 식물일수록 물을 자주 줘야 합니다.** 예를 들어, 우리가 잘 아는 선인장은 물을 적게 줘야 하는 대표적 식물입니다. 건조 지대에 자생하는 선인장은 적은 물을 몸에 쌓아 두는 타입이랍니다. 반대로 에버프레쉬 등은 잎의 수가 무척 많아서 물을 잘 흡수하기 때문에 흙도 잘 마릅니다. **물은 식물을 모두 통틀어서 '1주일에 한 번'이라는 식으로 정하기보다는, 식물마다 다르게 줘야 건강하게 자란답니다.**

물 주기만큼 중요한 요소가 바람입니다. **식물은 바람을 쐬지 않으면 점점 약해집니다.** 인간이 창문 없는 방에서 살면 답답함을 느끼는 것처럼 식물도 마찬가지지요. **바람이 없으면 광합성에 필요한 이산화탄소를 듬뿍 마시지 못하기 때문에 광합성 자체가 어려워집니다.**

식물의 잎 모양은 환경이 결정한다

잎은 온도가 높고 어두운 환경에서는 커지고, 빛이 강하고 건조한 환경에서는 작아집니다. 몬스테라는 사막에서 살지 못하고, 선인장은 어둑어둑한 숲속에서 살지 못해요. 저마다 편한 환경이 있는 것이지요.

실내로 들어오는 바람의 양은 집마다 다르지요. 이럴 때 실내의 바람을 순환시키기 위해 서큘레이터를 활용하면 효과 만점이에요.

통풍을 좋게 하는 서큘레이터

아디안텀 등은 잎이 빛에 매우 약하고 섬세하답니다. 이렇게 창문에서 떨어뜨려 놓고 관리해야 편한 식물도 있어요.

빛을 너무 쬐면 좋지 않은 식물도

화분을 가끔 회전시켜준다

빛을 너무 좋아하는 나머지 한쪽으로 쏠려버리는 아이가 있을 때는 화분을 180도 빙글 돌려서 기르면 원상태로 돌아가지요.

사실은 새하얀 무늬가 있는 산세비에리아

식물 중에는 빛을 제대로 쬐면 원래 갖고 있던 예쁜 모양이 나타나는 아이도 있어요.

식물의 배치 ①

모든 식물이 멋지게 자라려면? 창가에는 양생식물부터 둘 것!

대부분 식물은 방 안 아무 데나 둬도 처음에는 잘 자랍니다. 그런데 그 중에는 점점 상태가 나빠지는 아이들이 있지요. 이는 빛의 양 때문입니다. **빛이 얼마나 필요한지는 식물마다 정해져 있는데, 그 양에 따라 우리는 양생식물과 음생식물로 구분해서 부릅니다.** 인간에 빗대어 말하자면 인싸나 아싸 정도로 보면 됩니다!

채소 중에는 토마토, 꽃 중에는 해바라기가 양생식물로 유명합니다. 이들을 실내에서 기르면 너무 어두워서 꽃이 안 피기도 하지요. **관엽식물은 보통 음생식물이 많기 때문에 어두워도 잘 자랍니다.** 그런데 여기에 큰 함정이 하나 있습니다. **바로 실내의 '그늘'과 야외의 '그늘'은 빛의 양에서 무지막지하게 차이가 있다**는 사실이에요.

식물은 '따뜻한 봄날, 탁 트인 테라스에 놓인 파라솔 밑'과 같은 환경을 바랍니다. 그런데 실내에서 그와 비슷한 환경은 레이스 커튼으로 빛이 차단된 창가뿐입니다. 실내의 그늘은 생각 이상으로 어두워서 **창가에서 멀리 떨어질수록 식물이 자라기 어려워지고 상태가 망가지기 십상입니다.**

관엽식물 중에서도 고무나무, 에버프레쉬, 소포라(sophora) 등은 창문과 가까운 특등석에 둬서 빛을 듬뿍 받을 수 있도록 하세요. 반대로 몬스테라나 칼라테아 등은 방 안쪽에 둬도 잘 자랍니다.

'그늘은 어둡다?' 이건 잘못된 상식이에요

방을 밝게 하는 레이스 커튼이 있다?!

레이스 커튼에는 여러 가지 기능을 가진 것들이 있는데, 그중에서도 '채광 레이스 커튼'에는 방 안을 밝게 하는 효과가 있습니다. 레이스 커튼을 쳤을 때 어둡게 느껴진다면 한번 시험해볼 가치가 있겠네요!

양생식물

햇빛을 받을수록 흰 얼룩이 선명하고 또렷하게 나타나는 식물. 어두우면 흰 부분이 번져요.

이 아이를 항상 창가의 특등석에 놓아두면 새싹이 난답니다.

에버프레쉬와 마찬가지로 빛을 받을수록 잘 자라는 식물입니다. 빛만 있으면 겨울에도 새싹이 자라나요.

음생식물

집 안 아무 곳에나 둘 수 있고 종류도 많아요! 하지만 흰 무늬가 있는 스킨답서스는 어두운 곳에 두면 무늬가 예쁘게 나오지 않아요.

식물의 배치 ②

통풍이 잘 안되는 현관과 베란다는 흉당! 그래도 꼭 두고 싶다면…

식물을 둘 때, **현관과 베란다는 주의가 필요**합니다. 이 두 곳은 **통풍이 좋지 않다는 공통점이 있기 때문**이지요.

사방이 콘크리트로 둘러싸인 베란다는 특히 바닥 부근의 통풍이 좋지 않습니다. 식물은 바람을 쐬지 않으면 상태가 나빠지고 병에 걸리기 쉬워집니다. 질병을 예방하기 위해 통풍을 확보해야 하지요. **플랜터 스탠드 등을 이용해서 화분을 높이 두는 식으로 대책을 마련하면 효과적**입니다.

현관도 바람이 통하기가 무척 어려운 환경인데, 실내라서 베란다처럼 화분의 높이를 바꾼다고 해도 효과는 없습니다. 게다가 빌라나 아파트 현관은 햇볕이 잘 들지 않는 북쪽을 향할 때가 많습니다. 이럴 때는 **아예 현관에 식물을 두지 않거나, 약 1주일마다 식물의 위치를 바꿔주는 것이 좋습니다.**

사실 이 **'1주일'이라는 기간이 아주 중요**한데, **식물은 위치가 바뀌는 것을 싫어합니다.** 자연계에서는 상상할 수 없는 일이라 식물들은 잎을 어디로 향해야 좋을지 알 수 없게 되어 곤란에 빠집니다. 그리고 **이 상태를 스트레스로 받아들여 생육이 늦어지거나 상태가 나빠집니다.** 그래서 식물 두는 장소를 교대로 바꾸더라도 1주일은 기간을 두는 것을 추천합니다.

식물은 LED 빛으로도 자란다

햇볕이 들지 않아도 인공 빛이 있으면 식물은 자랍니다. 요즘에는 식물을 자라게 하는 전용 조명도 있으니 방이 어두워서 고민인 분들은 꼭 써 보세요! 저도 2개 쓰고 있습니다.

에어컨 앞은 피하세요

계절에 따라서는 에어컨을 켤 때가 있지요. 에어컨 바람 때문에 식물이 항상 흔들거린다면 식물 배치를 바꿔주세요.

베란다에 둘 때는 바닥에 직접 두지 않도록 주의!

특히 여름철 베란다는 정말 가혹합니다! 시험 삼아 누워서 식물과 눈높이를 맞춰 보세요. 5분도 못 참을걸요.

LED 라이트는 조사거리에 주의

너무 가까우면 잎이 확 상하니까 조사거리가 무척 중요합니다. 설명서에 딱히 거리가 나와 있지 않다면 50cm 이상 떨어뜨려서 시작하는 것이 좋아요.

현관에 둔 식물은 가끔 이동하기

현관에 창문이 있으면 가끔 환기를 해 주세요. 식물을 창문이 없는 현관에 뒀다면 가끔 밝은 곳으로 옮겨서 숨을 쉴 틈을 주세요.

물 주는 방법 ①

100가지 식물에게 배운 물 주기 ①
물 주는 타이밍을 알려면?

우리 집에서는 지금도 100가지 이상의 식물을 기르는데, 물을 원하는 속도가 정말 제각각이라 매일 식물 하나씩에 꼭 물을 줍니다. 그 많은 식물에 물을 잘 주려면 2가지 방법이 있습니다.

첫 번째는 **화분 표면의 흙을 바꾸는 방법입니다.** 원예점에서 파는 식물은 거무스름한 흙에 심겨 있는 경우가 많은데, 이런 흙은 표면이 젖어 있는지 눈으로 알 수가 없습니다. 하지만 흙 중에는 **마르면 색이 변하는 것도 있습니다. '입상 배양토'**라고 하는데, 적옥토와 녹소토나 경석 등으로 구성된 것이 많은 것 같습니다.

이 입상 배양토에 옮겨 심는 것이 가장 이상적이지만, **지금 식물이 심겨 있는 흙의 표면에서 3cm 정도를 적옥토나 녹소토 단일로 바꾸기만 해도** 효과가 있습니다. 이 표면을 적옥토 등으로 덮는 방법은 흙의 목마름 정도를 눈으로 보고 알 수 있다는 것 외에 날파리 예방에도 효과가 있습니다.

두 번째는 화분을 들어 올려 무게를 재는 습관을 들여서 무게로 수분의 양을 판단하는 방법입니다. 특히 5호(지름 15cm) 이하의 화분은 물이 빠지면 아주 가볍게 느껴집니다. 그런데 '가볍다'는 감각은 사람마다 다르니 **수분계를 사용**하는 방법도 있습니다. 흙에 꽂아 놔도 되고, 혹은 재고 싶을 때 꽂아서 수분의 양을 확인할 수 있는 물 주기 도우미 아이템입니다!

물 주기는 매우 심오한 작업

'이 식물은 물을 얼마나 자주 줘야 하나요?'라는 질문을 자주 받는데, 그건 식물이 사는 환경에 따라 다릅니다. 그리고 사용한 화분이나 판매 당시의 뿌리 양에 따라서도 천지 차이라서 '이 식물은 이렇다'라는 식으로 단정 짓지 마세요.

흙 표면의 건조 정도 차이

유기질 흙과 무기질 흙으로 마른 상태의 색을 비교했습니다. 무기질 흙은 마르면 왼쪽 화분처럼 색이 하얗게 변하니까 한눈에 알 수 있지요! 유기질 흙은 젖었는지 아닌지 구분하기가 꽤 어려워요.

화분 드는 방법

한 손으로 들지 양손으로 들지 정해두고, 휙 들어 올려 확인합니다. 손끝에 신경을 집중하면 화분 바닥의 무게중심을 느낄 수 있습니다.

수분계 써 보기

화분을 들어 올려도 잘 모르겠을 때는 이런 물 주기 도우미 아이템을 써도 좋습니다.

물 주는 방법 ②

100가지 식물에게 배운 물 주기 ②
물은 두 번에 나눠서 듬뿍

물은 그냥 화분에 주기만 하면 되는 거 아니야? 이렇게 가볍게 생각하기 쉬운데, **물 주기는 정말 중요**합니다. 물을 적절하게 잘 주기만 해도 식물을 튼튼하게 기를 수 있거든요.

중요한 건 2가지입니다. 첫 번째는 **화분 흙을 충분히 적실 것.** 뿌리가 썩을까 봐 무서워서 물을 많이 주길 망설이는 분들이 있는데, 이건 좋지 않아요. 식물에게는 가느다란 뿌리와 굵은 뿌리, 오래된 뿌리와 새로 난 뿌리가 있습니다. 새로 자란 가느다란 뿌리일수록 건조에 익숙하지 않지요. **그러니까 물이 닿지 않으면 뿌리는 부분적으로 말라버리기 때문에 식물이 건강하게 자라지 못합니다.**

두 번째는 물을 두 번에 나눠서 줄 것. 한꺼번에 물을 주면 대부분은 화분 바닥으로 흘러나가게 됩니다. **화분 흙을 촉촉하게 적시려면 필요한 물의 양을 두 번에 나눠서 주는 것**을 추천합니다. 핸드 드립 커피를 내린다고 생각하면 쉽답니다! 식물에 물을 줄 때도 그렇게 **살살 주둥이를 움직이면서 두 번에 나눠 따르세요. 곧 화분 바닥에서 물이 아주 살짝 나오는 게 보이면 물 주기 완료**입니다. 화분 받침대에 남은 물도 소량이라면 식물이 흡수해주기 때문에 굳이 버리지 않아도 되니까 편하지요.

물을 많이 써도 상관없다면, 한참 동안 계속 따르다가 화분 바닥에서 물이 흘러나오는 걸 확인한 다음에 물 주기를 완료하면 더 좋답니다.

물 주기란 물과 '건조'를 주는 작업

식물은 물이 필요하지만, 건조도 줘야 합니다. 흙 속의 수분량이 어느 정해진 수치가 됐을 때 식물이 뿌리를 뻗거든요. 그러니까 건조할 시간이 없으면 뿌리가 자라지 않는다는 말이지요.

물 주기 순서

1 단계

흙 표면에 살살 두르기

물을 줄 때는 흙 표면을 두르듯이 살살 주는 것이 가장 좋아요. 드립 커피를 내릴 때처럼 부드럽게 물을 따라 주세요. 한꺼번에 많은 양의 물을 따르면 대부분 흙에 흡수되지 않고 화분 구멍으로 빠져나가니 조심하세요.

2 단계

표면이 젖으면 15초 기다리기

흙 표면이 젖으면 일단 기다리세요. 15초 정도 기다려도 흙 구멍에서 물이 빠져나오지 않는다면 전체적으로 물을 다시 부드럽게 둘러 주세요.

3 단계

화분 밑바닥에서 물이 나오면 OK

화분 밑바닥에서 물이 쪼르르 나오면 물 주기 완료! 두 번에 나눠서 흙 전체에 물을 줬으니 화분 바닥에서 대량의 물이 나오지 않아 좋습니다. 특히 큰 화분은 이 방법이 편하니까 꼭 시도해보세요. 베란다나 부엌에서 물을 준다면, 배수가 간단하니까 물을 더 흠뻑 줄 수 있어 최고지요!

이렇게 하면 NG!

뿌리목 부분에만 물을 줘도 되는 걸로 오해하는 분들이 많은데, 그건 좋지 않아요. 물을 줄 때는 흙 전체에 물이 골고루 가도록 신경 쓰세요!

물 주는 방법 ②

물이 잘 흐르지 않는 이유는?

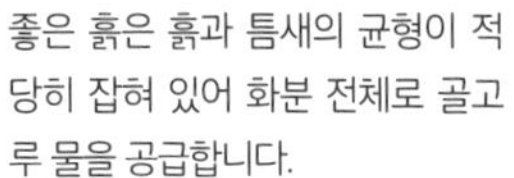

좋은 흙은 흙과 틈새의 균형이 적당히 잡혀 있어 화분 전체로 골고루 물을 공급합니다.

흙의 기능이 점점 떨어져서 흙덩어리가 부서지면 틈새가 없어지기 때문에 물이 잘 흐르지 않는답니다.

그러면 물은 흙 속을 통과하지 못하고 화분과 흙 사이를 비집고 겨우 밖으로 빠져나가니까 뿌리는 신선한 물도 산소도 마시지 못합니다. 이렇게 되면 뿌리가 썩지요.

'화분 바닥으로 물이 흐를 때까지 듬뿍' 줘야 하는 이유

흙은 **입자가 고울수록 물이 통과하기 힘든** 성질이 있어요. 커피 필터를 상상해보면 쉬운데, 물을 듬뿍 따라도 아래로 떨어지는 커피의 양은 일정합니다. 화분 속에서도 똑같은 일이 일어나지요.

예를 들어, 매일 물을 딱 컵 한 잔만 주며 관리하고 있다면, 물이 흙 속을 끝까지 통과하지 못하니까 흙은 부서지고 입자는 고와져서 점점 막히게 됩니다. 물은 항상 흐르기 쉬운 쪽으로 이동하니까 **한 번 막힌 장소로는 신선한 물이나 산소가 가지 못해서 뿌리가 상하기 쉬운 환경**이 만들어지지요. 흙 알갱이가 막히지 않도록 하고 뿌리에 신선한 물이나 산소를 공급해야 하기 때문에 **화분 바닥으로 물이 나올 만큼 많이 줘야 합니다.** 게다가 흙 전체가 수분과 양분을 잘 받아야 건조에 익숙하지 않은 뿌리도 시들지 않고 쭉쭉 뻗어 잘 자랍니다. **물을 어중간하게 주는 건 금물**이에요!

이렇게 하면 NG!

바닥에 물 떨어지는 게 싫어서 잎 표면에만 칙칙 뿌리면 크게 의미가 없어요.

물 주기 포인트

물방울이 뚝뚝 떨어질 정도로 주기

물은 물방울이 뚝뚝 떨어질 만큼 주는 것이 가장 좋아요. 물방울이 떨어지면서 잎 표면에 붙어 있던 불순물들을 떨어뜨려 주거든요.

겹쳐 있는 잎에도 꼼꼼하게

물을 줄 때는 겹쳐 있어서 보이지 있는 잎까지 구석구석 집요할 정도로 줘야 합니다. 잎이 촉촉해야 벌레가 생기지 않는답니다.

성장점에도 칙칙

박쥐란 같은 식물은 성장점(뿌리나 줄기 끝에 있는 세포분열이 활발한 곳) 쪽에도 물을 칙칙 뿌려주면 좋아해요.

물을 꼭 줘야 할까?

관 엽식물에게는 매일매일 분무기로 물을 칙칙 뿌려줘야 한다는 설명을 자주 보는데, 저는 **무리해서 하지 않아도 괜찮다**고 생각합니다. 건조가 가장 심한 겨울철에 물을 아예 주지 않았던 적이 있는데 별다른 탈은 나지 않았거든요.

그런데 에버프레쉬처럼 **물이 끊기면 잎이 축 처지는 식물이 있습니다. 이런 식물들은 물뿌리개로 물을 뿌리고 분무기도 칙칙 해주면 원상태로 되돌릴 수 있지요.**

이렇게 물을 칙칙 뿌려 주면 응애가 잘 생기지 않는 환경도 만들 수 있답니다. **할 수 있는 사람은 하면 좋겠지만, 여건이 되지 않는 사람들도 무리할 필요는 없습니다.**

[최신]
비료 고르는 법

비료 성분은 질소, 인산, 칼륨 조미료처럼 용도에 맞게 나눠서

비료를 잘 모르고 대충 사면 기대한 효과를 보지 못하거나 벌레가 생기니 조심해야 합니다.

원예점에서 살 수 있는 **비료는 관엽식물용, 꽃용, 채소용으로 나뉘지요.** 요리할 때 간장이나 술을 적당량 넣어 맛을 내는 것처럼, 비료도 성분에 강약을 주니까 식물의 외관도 좋게 만들고 숨어 있던 힘을 끌어낼 수가 있습니다!

비료는 패키지에 질소, 인산, 칼륨 표기와 숫자가 반드시 적혀 있습니다. **질소는 잎을 보기 좋게 만드는 성분, 인산은 꽃이나 열매를 많이 피우는 성분, 칼륨은 뿌리를 강하고 튼튼하게 만드는 성분**이지요. 그래서 관엽식물에는 질소가 많이 들어 있는 비료가 좋다고들 합니다. 그런데! 저는 **칼륨 성분이 많이 든 비료를 추천**하고 싶습니다. 왜냐하면 **칼륨 성분을 충분히 섭취한 식물은 더위나 추위에 강해지고 엄청나게 기르기 쉬우며 튼튼한 아이로 자라기 때문**이지요.

원래 식물은 환경의 변화에 스스로 익숙해지는데, 칼륨은 그러한 '면역력'을 더 이끌어내는 아주 뛰어난 성분이랍니다. 재배 환경이 나쁠 때일수록 꼭 넣어야 하는 비료 성분입니다.

유기 비료*의 장단점

유기 비료는 어떨까요, 좋을까요? 확실히 유기 비료는 식물이 영양을 흡수할 때 뿌리를 상하게 하는 일이 거의 없답니다. 그 대신 냄새가 고약하고 벌레가 잘 생긴다는 특징이 있어서 실내 원예에는 어울리지 않지요.

* 유기 비료: 유박, 어분, 계분 등 식물성이나 동물성 유기질을 원료로 한 비료를 말한다. 본문에서 소개한 것은 무기질을 원료로 해서 화학적인 방법으로 만들어진 화성 비료다.

인스타에서 소개
써보고 좋았던 비료 3가지

하이포넥스 미분

메인 비료로 활약합니다. 가루를 물에 녹여서 사용하는 타입이라 매우 간단히 비료를 줄 수 있어요. 여름이나 겨울이 오기 전에 주면 더위나 추위에 지지 않아요!

하이포넥스 원액

하이포넥스 미분과 번갈아 쓰는 용도로 장만했어요. 가끔 비료를 바꿔주면 식물이 좋아하는 것 같거든요.

에드볼 Ca

중요한 건 칼슘이에요. 이것도 식물을 튼튼하게 만들어 주는 성분입니다. 비료 성분이 균일해서 다양한 식물에 줄 수 있기 때문에 사용하기 편해요. 관엽식물 외에도 쓸 수 있답니다.

비료 주는 법

적혀 있는 용법 용량 지키기! 한여름, 한겨울, 분갈이 직후는 X!

비료는 '패키지에 적혀 있는 대로 주는 것'이 올바른 방법이지만, 잘 지켜지지 않는 경우가 상당히 많습니다!

특히 고형 비료 패키지에는 대부분 '흙 위에 놓으세요'라는 지시가 있는데도 굳이 흙 속으로 밀어서 넣는 사람들이 있다지요. 비료 성분이 잘 녹도록 제조사가 다 조정해서 써놓은 것인데, 설명서를 지키지 않으면 당연히 좋지 않습니다. 잘못 사용하면 성분이 필요 이상으로 녹아 나오기 때문에 식물을 상하게 하는 원인이 되거든요.

액체 비료도 마찬가지로 용법을 꼭 지켜야 합니다. 그중에서도 **희석 비율은 꼭 주의를 해야 합니다.** 액체 타입은 식물의 뿌리에 빠른 속도로 영향을 주기 때문에 **자칫 잘못 사용하면 순식간에 식물이 시들시들해질** 수가 있어요.

주는 타이밍도 조심해야 합니다. 사실 **비료를 주면 안 되는 시기가 있습니다.** 그것은 **한여름, 한겨울, 그리고 분갈이 직후**입니다. 이때는 모두 식물의 생육이 멈추는 시기지요. 비료를 주고 있다면 일단 멈추고, 고형 비료를 놔뒀다면 빼세요. **깜박하고 비료를 줘버렸으면 어떻게 할까요? 일단 고형 비료를 빼고, 화분에 물을 듬뿍 주면 비료 성분이 씻겨나가** 원상태로 돌릴 수 있습니다.

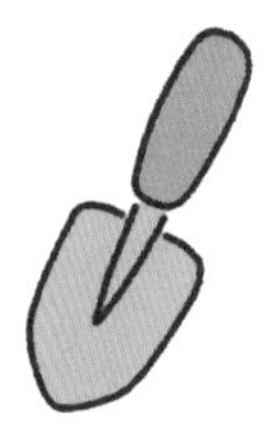

'한겨울'은 집집마다 다르다

한겨울에 비료를 주는 것은 좋지 않다고 했는데, 요즘에는 난방이 잘 되어 있어서 실온이 20℃ 가까이 유지되는 집도 많지요. 그런 환경에 있는 식물은 액체 비료를 주면 더 건강하게 자랍니다. 단, 정해진 양보다는 적게 주세요.

액체 타입의 비료

균일가 생활용품점이나 마트에서 파는 스포이트를 쓰면 무척 편리하게 계량할 수 있어요.

놓아두는 타입의 고형 비료

흙 속에 묻으면 안 돼요! 뿌리목에서 되도록 먼 곳에 놓으면 비료가 나쁜 쪽으로 작용해도 뿌리를 지킬 수 있어요.

분갈이 직후는 피해서

분갈이를 하고 2주일 이상 간격을 둔 후에 비료를 주세요. 분갈이 직후에 비료를 주면 순식간에 시들어버릴 가능성이 커져요. 특히 뿌리를 흩뜨렸을 경우에는 더 주의해야 합니다.

액체 비료와 고형 비료

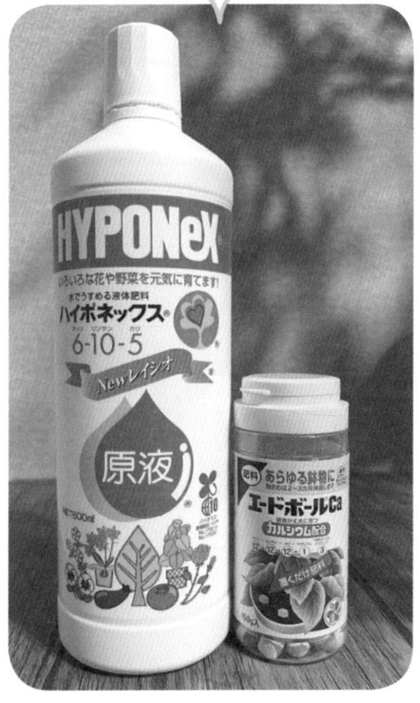

액체 비료와 고형 비료를 동시에 쓸 때는 액체 비료를 규정 분량보다 적게 주면 실패할 확률이 줄어들지요. 단, 관엽식물은 풀꽃처럼 꽃이 많이 피지 않으니 둘 중 하나만 써도 됩니다.

비료와 발근 촉진제 알맞게 쓰는 법

발근 촉진제는 보조 역할일 뿐! 사용한다면 분갈이 전후에

식물에 활력을 불어넣는 발근 촉진제. '발근 촉진제와 비료는 뭐가 달라요?', '주는 게 좋은가요?'라는 의문이 든 적 없나요? 비료가 소금이나 간장처럼 요리의 맛을 좌우하는 메인 조미료라면, 발근 촉진제는 후추나 마요네즈라 할 수 있습니다. 추가하면 요리에 감칠맛이 돌지만, 없어도 크게 문제는 없지요. **발근 촉진제도 비료에 추가로 사용하면 화분에 심었을 때 뿌리가 잘 뻗어 나가지만, 필수는 아닙니다.**

발근 촉진제는 보통 스포이트처럼 병을 흙에 꽂는 타입이 많습니다. '앰플 타입'이라고 불리는데, 사실 그 안에 비료 성분이 들어 있답니다. 그래서 제조사에 따라서는 분갈이 직후에 사용하지 말라고 적혀 있기도 하지요. 사용하기 전에 패키지를 잘 확인하세요.

개인적으로 **발근 촉진제를 넣는다면 분갈이 직후부터 쓸 수 있는 것을 준비**하는 게 좋습니다. 메네델이라는 촉진제는 인기가 많지요. 꺾꽂이(116쪽 참조), 분갈이 후 등 다양한 상황에서 쓸 수 있습니다. 그 중에서도 **분갈이 전에 주는 것을 추천합니다.** 그러면 **분갈이를 하고 나서 뿌리가 쑥쑥 자란답니다.**

중요한 것은 질소, 인산, 칼륨

38쪽에서도 얘기했지만, 식물을 제대로 기르려면 질소, 인산, 칼륨을 적절하게 주는 것이 무엇보다 중요합니다. 그 원칙을 잊지 말고, 발근 촉진제와 친해지도록 하세요.

MY PLANTS
빠르게 활력을 찾아주는 미스트

스프레이 타입으로 비료에 활력 성분이 들어 있어요. 흙에 칙 뿌리면 뿌리가 튼튼해집니다.

메네델

꺾꽂이, 심기, 분갈이 등 여러 상황에서 쓸 수 있으니 하나 있으면 편리합니다.

액체 비료도 발근 촉진제가 된다

평소에 쓰는 액체 비료로 판매되는 것도 농도를 조금 더 연하게 해서 주면 발근 촉진제 역할을 합니다. 겨울에도 줄 수 있어 식물이 건강을 유지하는 데 도움이 되지요.

규산염 백토 / 밀리언 A

장르로 따지면 발근 촉진제는 아니지만, 밀리언 A는 매우 뛰어납니다. 화분 위에 올려놓거나 화분 바닥에 깔아 두면 미네랄을 보급해서 뿌리가 썩는 걸 막아줍니다.

기본 관리 · 통풍

광합성, 증산, 근력 트레이닝? 식물에 통풍이 필요한 이유

통풍이 잘되는 곳에 식물을 두라는 말이 대체 어떤 소리인지 감이 잡히지 않는 분들도 많을 거예요. 그래서 통풍의 중요성에 대해 조금 더 자세히 얘기해보려고 합니다!

바람이 식물에 주는 효과는 3가지가 있습니다. 첫 번째는 **근력 트레이닝 같은 역할**입니다. 식물은 바람에 흔들리면 지지 않으려고 줄기 부분을 굵직하게 만드는 경향이 있답니다. 특히 연약하게 뻗기 쉬운 생육 초기 단계에서 바람을 쐬면 웃자람을 막고 더 강하게 성장하지요.

두 번째는 **광합성을 촉진하는 효과가 있습니다.** 식물 잎의 표면에는 '엽면 경계층'이라고 해서 점성이 높고 유동성이 적은 공기층이 있습니다. 이 공기층이 있으면 식물은 광합성에 필요한 이산화탄소를 체내에 잘 흡수하지 못해 곤란한 처지에 놓인답니다. 하지만 **바람을 쐬어주면 엽면 경계층이 얇아져서 광합성이 더 활발하게 이루어지지요.**

세 번째는 **증산*을 촉진하는 효과가 있습니다.** 증산은 **뿌리에서 물과 양분을 끌어 올리는 역할,** 그리고 한여름에 적절한 온도를 벗어난 환경에서도 정상적으로 광합성을 하기 위해 **잎의 온도를 낮춰주는 역할**을 합니다.

이 3가지는 결론적으로, **통풍은 식물이 더 빨리 강하게 자라도록 하는 역할**을 한다고 말할 수 있겠네요. 물만 잘 주는 관리에서 한 단계 나아가, 바람에 대해서도 생각해보세요.

* 증산: 식물의 체내 수분을 증기로서 밖으로 발산하는 것. 주로 나뭇잎 안쪽에서 일어난다.

선풍기 바람도 괜찮을까?

선풍기든 서큘레이터든 아무런 문제가 없어요. 딱 하나, 서큘레이터 같은 것은 연속 운전 시간이 정해져 있는 경우가 있으니, 몇 시간 동안 연속으로 사용할 수 있는지 잘 확인해보세요.

엽면 경계층의 구조

통풍이 잘되면 공기층도 얇아져서 기분 좋게 광합성을 할 수 있어요.

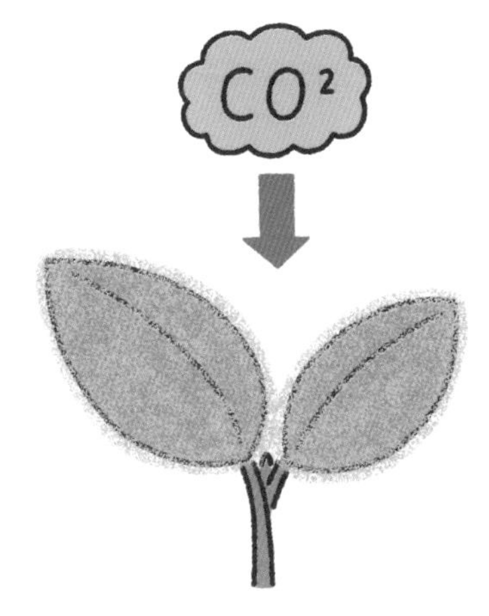

통풍이 나쁘면 잎 주위에 공기층이 쌓여 광합성을 방해해요.

서큘레이터 돌리는 법

천장이 아주 높지 않는 한, 서큘레이터 각도를 고정시키고 한 방향으로 바람을 보내도록 하면, 방의 공기가 순환할 거예요.

환기

서큘레이터 등이 없으면 최소한의 환기를 위해 창문을 하루에 30분 정도 열어두면 좋아요.

기본 관리 · 잎의 먼지

관상용 잎에 먼지는 안 돼! 그래서 필요한 극세사 장갑

혹시 상업 시설 같은 곳에 놓여 있는 관엽식물에 눈길이 갔던 적이 있나요? 그런 곳에서는 잎에 먼지가 뽀얗게 쌓여 있기도 하지요. **잎이 지저분하면 관엽식물로서 외관상으로도 좋지 않고, 광합성에도 방해가 됩니다.** 실외에 있는 식물은 잎에 때가 묻어도 비에 씻겨 내려가는데, 실내에서는 그럴 수가 없지요. 그러면 먼지를 치워줘야겠네요.

방법은 2가지가 있습니다. 첫 번째는 **닦아내는 방법.** 천으로 잎을 닦기만 하면 되는데, 잎을 하나하나 앞뒤 다 닦기란 꽤나 성가신데다가 잎이 작아서 닦아내기가 어렵기도 합니다. 이럴 때는 **극세사 장갑을 써보세요.** 균일가 생활용품점에서 간단하게 살 수 있는 청소 아이템인데, 이게 잎을 닦아내기에 딱 좋습니다!

두 번째는 **물을 뿌려서 제거하는 방법.** 37쪽에서도 소개했지만, **물을 뿌리면 물방울이 먼지도 같이 데리고 떨어지기 때문에 잎이 깨끗해집니다.** 단, 물방울이 뚝뚝 떨어질 정도로 뿌리면 아무래도 땅도 젖겠지요. 욕실에서 샤워를 시키면 좋은데, 이것도 너무 자주 하면 귀찮은데다가 대형 관엽식물은 옮기기도 보통 일이 아니라 이럴 때는 극세사 장갑이 나서 줘야겠네요. 정말 쓰기 편합니다.

물때처럼 얼룩이 잘 지지 않을 때는

극세사 장갑으로 닦아도 얼룩이 잘 지지 않을 때는 잎사귀 세정제를 쓰면 깨끗하게 닦아낼 수 있어요. 'MY PLANTS 잎을 말끔히 씻어주는 미스트'(오른쪽 참조) 같은 상품이 인기 있답니다.

먼지가 쌓인 잎

잎 위에는 의외로 먼지가 잘 쌓여요

잎사귀 세정제

아디안텀처럼 잎이 얇은 아이에게는 쓸 수 없지만, 잎이 큰 아이에게는 꼭 써 보세요.

극세사 장갑

양손에 끼고 잎의 표면을 살살 문지르기만 해도 먼지를 잡아준답니다. 정말 편리해서 저도 애용 중이에요.

큰 물방울은 물때의 원인

큰 물방울이 방울져 있는 것을 그대로 내버려두면 물때가 되기 쉬우니, 물을 뿌린 후에는 주의해야 합니다.

column 1

기르기에 익숙해졌다면 외관도 내 취향으로!

관엽식물을 훨씬 더 멋지게 꾸밀 수 있는 상품이 많습니다. 그 예로는 흙의 표면을 덮는 '화장 아이템'을 들 수 있겠네요. 이 아이템들을 식물과 화분의 분위기에 맞춰주면 느낌이 확 바뀝니다.

구하기 쉽고 다루기 쉬운 것으로는 코코화이버와 부사사가 대표적입니다. 식물을 인테리어의 일부로서 생활공간에 녹아들게 한다면 코코화이버를 이용해서 흙의 표면을 덮어보세요. 또 식물을 인테리어의 주역으로서 돋보이게 하고 싶다면 부사사를 올려서 중후한 느낌으로 만들어보세요.

이때 둘 다 흙의 표면이 가려지기 때문에 흙이 얼마나 말랐는지 확인이 어렵고, 애초에 물이 잘 마르지 않는다는 점을 주의해야 합니다. 그래서 재배하는 게 어느 정도 익숙해졌을 무렵에 시도해보는 것이 실패를 줄이는 길이겠지요.

대형 식물의 경우에는 화분 위에 올려서 테이블 대용으로도 쓸 수 있는 플랜트 테이블도 아주 멋있답니다.

코코화이버란 화분 위에 올린 복슬복슬한 갈색의 야자 껍질이에요.

왼쪽이 자잘한 적옥토 알갱이이고, 오른쪽 까만 부분이 부사사입니다. 이 사진처럼 왼쪽 절반과 오른쪽 절반을 교대로 덮어보세요. 화분 분위기가 180도 달라진답니다.

CHAPTER 2

구리토 추천!

관엽식물 카탈로그

구리토 추천!

관엽식물 카탈로그 사용법

이 장에서는 데이터를 어떻게 읽는지 간단히 설명하겠습니다.
그 식물의 특징이 조금이라도 더 전해져서 기를 때 힌트로 쓸 수 있도록 여러 정보를 실었는데, 제가 지금까지 식물을 길러온 경험이나 직접 조사한 것을 기반으로 한 내용입니다. 개체 차이도 있고, 두는 장소에 따라서도 데이터와 상황이 다른 경우가 있으니 기본적인 값 정도로 생각하고 보시기 바랍니다.

1 **식물 이름** - 해당 식물의 일반적인 이름입니다.

2 **식물의 특징**

3 **과명** - 식물 분류학상의 과명입니다.

4 **별명** - 자주 쓰이는 별명이 있는 경우에만 넣었습니다.

5 **원산지** - 해당 식물이나 식물의 조상 격인 식물이 자생하는 지역입니다.

6 **물 주기** - 물을 자주 마시는 식물일수록 물뿌리개의 물 표시를 높게 잡았습니다.

7 **선호하는 밝기** - 항상 창가에서 햇볕을 원하는 식물을 '양지', 창문이 있는 밝은 실내에서 자라는 식물을 '반음지', 창문에서 멀고 빛이 약해도 잘 자라는 식물을 '음지'로 표기했습니다.

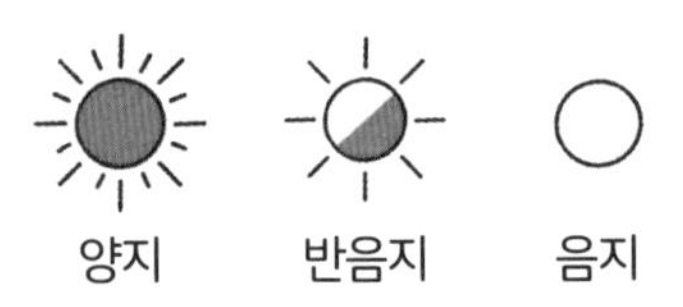

8 **겨울나기 온도** - 해당 식물이 견딜 수 있는 대략적인 최저 온도입니다.

9 **병해충** - 해당 식물에 생기기 쉬운 해충을 표기했습니다.

10 **MEMO** - 해당 식물의 기본 생육 방법에 대한 코멘트를 넣었습니다.

모든 빛을 다 주고 싶은 아름다움! — 2
밤에는 잎을 닫는 에버프레쉬 — 1

미모사와 헷갈리기 쉬운 에버프레쉬. 겉보기처럼 미모사와 같은 콩과 식물입니다. 일본에서는 **밤에 잎을 닫는 모습이** 마치 사람이 밤에 자는 것처럼 보인다고 해서 '잠자는 나무'라고도 불립니다.

일부러 에너지를 쓰면서까지 밤에 잎을

52

모든 빛을 다 주고 싶은 아름다움! 밤에는 잎을 닫는 에버프레쉬

과명 콩과

별명 붉은 꼬투리 자귀나무

원산지 열대 아시아, 중남미

물 주기

선호하는 밝기

겨울나기 온도

최저 8℃ 이상

병해충

진딧물, 깍지벌레

MEMO

생각보다 두 배는 더 커집니다. 많이 자라기 시작했다면 가지치기를 생각하세요.

미모사와 헷갈리기 쉬운 에버프레쉬. 겉보기처럼 미모사와 같은 콩과 식물입니다. 일본에서는 **밤에 잎을 닫는 모습이** 마치 사람이 밤에 자는 것처럼 보인다고 해서 '잠자는 나무'라고도 불립니다.

일부러 에너지를 쓰면서까지 밤에 잎을

빛이 약한 곳부터 순차적으로 닫는다
잎을 닫으면 이렇게 날씬해져요. 수분을 놓치고 싶지 않을 때 잎을 닫습니다. 잎을 닫을 때는 한꺼번에 닫지 않고 빛이 약해진 부분부터 단계적으로 닫는답니다.

시들었다고요? 아니요, 새싹이에요
이 까만 덩어리 같은 것은 새싹이에요. 절대 시든 게 아니랍니다. 겨울의 낙엽은 물 주는 빈도를 너무 줄이지만 않으면 비교적 잘 막을 수 있어요.

아기도 쌔근쌔근 잠들었어요
아기 에버프레쉬도 어른처럼 잠을 잘 자네요.

닫는 데는 이유가 있답니다. 에버프레쉬는 잎이 많기 때문에 체내의 수분을 소비하는 속도가 빨라서, **광합성을 하지 못하는 밤에는 수분 손실을 막기 위해 잎을 닫지요.** 가끔 **낮에도 잎을 닫을 때**가 있는데, 이는 광합성을 할 수 없을 정도로 물이 매우 부족하다는 신호입니다. **당장 물을 주도록 하세요.**

겨울에는 잎이 떨어지기 때문에 추위에 약하다는 이미지가 있는데, 사실 잎을 떨궈서라도 겨울을 나고자 하려는 매우 억센 식물이랍니다.

식물 카탈로그 2

호감 100% 국민 아이돌! 관엽식물 하면 고무나무

과명 뽕나무과

원산지 동남아시아, 인도

물 주기

선호하는 밝기

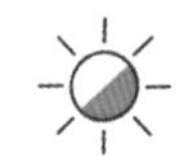

겨울나기 온도

최저 8℃ 이상

병해충

깍지벌레, 응애

MEMO

어두워도 밝아도 비교적 잘 자라기 때문에 초보자들에게 추천합니다.

고무나무를 싫어하는 사람이 과연 있을까? 그런 생각이 들 정도로 어떤 방에든 잘 녹아드는 식물입니다. 왜냐하면 고무나무는 **형태나 모양이 정말 다양하거든요.** 하지만 아마 고무나무 중에서도 가장 많이 유통되고 있는 아이는 대만

수채화 고무나무
색감이 얼마나 멋진가요! 직접 물어보고 싶을 정도로 신비로운 잎의 색깔이 우리의 눈을 즐겁게 만들어줍니다. 수채화 고무나무는 어마어마한 아티스트의 혼이 실린 세포를 가졌나봐요!

희귀한 무늬가 들어간 대만 고무나무
보기 드문 무늬가 있는 대만 고무나무예요.

고무나무라는 종류가 아닐까요?

그런 고무나무의 특징은 뭐니 뭐니 해도 **기르기 쉽고 번식하기 쉽다**는 것. **환경에 대한 대응력과 더불어 수형이 잘 흐트러지지 않는** 미남이니까 **생애 첫 화분으로도 추천**합니다. 고무나무를 구입하면 왠지 다른 종류도 갖고 싶어지는데, 그럴 때는 **수채화 고무나무를 강력 추천**합니다. 처음 보는 분들은 선명한 흰색 모양을 보고 '이게 진짜 잎이야?'라는 의심이 들지도 몰라요. 발견하면 꼭 만져보세요.

뱅갈 고무나무

허연 줄기 껍질과 늠름한 초록색이 최고예요! 제가 가장 좋아하는 고무나무 품종이지요. 잎의 표면에 자잘하게 털이 나 있어서 물을 뿌리면 먼지가 휙 날아가는 게 마음에 들어요.

버건디 고무나무

광택 있는 거무스름한 잎이 특징입니다. 멋있긴 하지만 먼지가 쌓이면 바로 눈에 띄어 광택이 뿌옇게 보이기 때문에 어려운 점도 있어요. 이 때문에 버건디는 잎사귀 세정제나 왁스 등을 사용하면 감상 가치가 매우 높아지지요.

움벨라타 고무나무

고무나무 중에서도 가지와 잎이 매우 잘 뻗어나가는 아이예요. 다른 고무나무와 비교하면 잎이 얇고 큰 게 특징이지요. 그래서인지 빛이 약한 곳에서 기르면 잎이 얇아져서 잘 찢어지기도 해요. 햇빛을 잘 받아야 두툼하고 좋은 잎이 자란답니다.

프랑스 고무나무
'휘커스 루비기노사'라는 이름으로도 유통되고 있는 식물이에요. 고무나무 치고는 액아가 잘 나서 보기에 예쁜 모양으로 자라요.

벤자민 고무나무 '스타라이트'
수채화 고무나무와 모양이 비슷하지만, 벤자민의 특성도 갖고 있어요. 그 말인즉슨, 가지가 잘 갈라져서 매우 풍성해지기 쉽다는 뜻이지요. 줄기가 부드러워서 땋아 꾸민 모양도 유통되고 있어요.

너무 귀여워서 깨물어주고 싶은 알로카시아 오도라

과명 천남성과

원산지 호주에서 열대 아시아

물 주기

선호하는 밝기

겨울나기 온도

최저 13℃ 이상

병해충

진딧물, 깍지벌레

MEMO

위에서 빛을 잘 쬐어주면 곧게 자라나요.

가장 흔하게 볼 수 있는 알로카시아 하면 **알로카시아 오도라**이지요. 이 알로카시아는 고무나무와 마찬가지로 사실 푹 빠져들기 쉬운 식물이에요. 잎은 RPG 게임 캐릭터가 손에 든 방패처럼 크고 개성 있지요. 추위를 싫어해서 **겨울**

꺾꽂이로 한다면 줄기가 아니라 알뿌리 부분을
이런 알뿌리 식물은 세포분열이 활발한 성장점이 항상 알뿌리 부근에 있기 때문에 번식시키고 싶다면 알뿌리 부분을 동그랗게 잘라서 꺾꽂이 모(어미 포기에서 잘라낸 잎이나 줄기)로 해주세요.

잎은 되도록 마르지 않게
온도만 잘 유지하면 겨울에도 잎이 남아 있을 거예요.

독특한 외관이 많다
알로카시아 바긴다 '드래곤 스케일'은 용의 비늘 같은 잎이 신기한 식물이에요.

에 자칫 탈이 나면 잎이 전부 시들어버리기도 합니다. 왜냐하면 뿌리와 줄기가 묵직한 알로카시아들은 **잎을 전부 떨어뜨리고 휴면을 하면서** 겨울을 나려는 성질이 있기 때문이지요. 잎이 시들면 당황해서 여러 가지 조치를 취하고 싶어지는데, **줄기가 단단한 동안에는 정상적인 낙엽이라고 생각하면 됩니다.** 그런데 **줄기가 말랑말랑해졌다면 뿌리가 썩었다는 의미**라서 겨울나기에 실패하는 경우도 있으니, 웬만하면 잎이 시들지 않도록 **따뜻한 거실에서 쉬게 하세요.**

관엽식물계의 '대중 픽' 누구나 본 적 있는 파키라

과명 아욱과

별명 돈나무

원산지 브라질

물 주기

선호하는 밝기

겨울나기 온도

최저
8℃ 이상

병해충

진딧물,
깍지벌레,
응애

MEMO

보기보다 뿌리가 적어서 물이 별로 필요하지 않는 아이예요.

어디에 가도 판다 싶을 정도로 보급되어 있는 식물입니다. 줄기를 돌돌 휘감아서 꾸민 나무는 행운의 상징이라 선물로도 환영을 받지요.

하지만 많은 사람이 파키라를 길러서인지 기르는 방법 때문에 고민하는 사람도

뚱뚱해지지 않고 한결같이 위를 향해
꺾꽂이로 늘린 파키라는 줄기 부분이 뚱뚱해지는 일이 거의 없습니다. 오로지 꼭대기 부근에서 쑥쑥 새싹이 자라난답니다.

뿌리가 적으니 작은 화분으로
파키라는 줄기의 두께를 보면 상상하기 어려울 정도로 뿌리가 적어요. 그러니 살짝 건조하게 기른 다음에 분갈이용 화분도 작은 것으로 준비하는 게 좋겠지요.

흰 잎도 귀여워요
파키라의 무늬 품종인데, '밀키웨이'라는 이름으로 팔리고 있어요.

많습니다. 잎을 떨어뜨리면서 **쑥쑥 자라는 파키라는, 잠깐 안 본 사이에 잎이 다 떨어지고 윗부분만 남아 있기도** 한답니다. **예쁜 스타일을 유지하려면 가지치기를 해서 잘라내는 것**이 중요합니다. 특히 구불구불 휘감긴 파키라와, 줄기가 두텁고 위쪽이 잘린 그루는 가지치기를 빼놓을 수가 없답니다. 반대로 나무처럼 크게 기르고 싶다면, 씨를 뿌려 기르는 실생 그루를 고르세요.

파키라에는 '밀키웨이'라는 잎이 흰 품종과 '문라이트'라는 노란색 품종도 있습니다. 녹색 파키라와 비교하면 가격도 비싸지만 재배 난도도 높아지지요. 익숙해졌다면 도전해보세요!

동화 속 나무처럼 앙증맞다! 섬세한 모습의 마오리 소포라

어쩜 이렇게 잎이 앙증맞을까……. 누구나 발을 멈추고 빠져들어 보게 되는 마오리 소포라 '리틀 베이비'예요. **가녀린 줄기에 걸맞은 앙증맞은 잎이 너무 귀여워서** 무심코 과잉보호하기 쉬운 식물인데, 사실 엄청나게 강한 아이입니다. **빛**

잘 기르면 거친 느낌으로도
가지치기를 반복하면 가느다란 줄기도 점점 굵어져서 우람해 보이기 시작해요.

공주님처럼 보이지만…
작고 자잘한 잎이 가장 큰 특징. 얼핏 섬세해 보이지만 꽤나 터프하답니다.

잎이 떨어지기 시작해도 걱정 금물
기르다 보면 잎이 하나둘 떨어질 때가 있는데, 빛을 듬뿍 쬐면 다시 새싹이 돋아나요.

만 쬐어주면 겨울철에 거실에서도 새싹이 돋아날 때가 있거든요. 겉만 보고 상상하기 힘들 정도로 터프해요!

그런 소포라에게도 약점이 있습니다. **약한 빛과 응애를 만나면 바로 살려달라는 분위기를 풍겨요.** 잎이 작기 때문에 사람 손으로 응애를 제거하기란 꽤 어려우니, **샤워기의 수압을 이용해서 나무에서 떼어내세요.** 그 후에는 응애에 효과 좋은 살충제를 사용하는 것이 좋습니다. 그리고 피해를 입은 잎은 외관상 좋지 않으니 **잘라서 새 잎이 돋아나게 하세요.** 소포라는 빛을 듬뿍 받으면 몸 전체에서 새싹이 한꺼번에 돋아나니까 비교적 간단하게 재정비할 수 있답니다.

잠깐 한눈팔면 괴물이 된다!? 똘똘이 식물 몬스테라

과명 천남성과

별명 봉래초

원산지 멕시코~파나마

물 주기

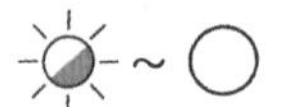

선호하는 밝기

겨울나기 온도

최저 8℃ 이상

병해충

깍지벌레

MEMO

어두운 곳으로 옮겨도 겉보기엔 변하지 않지만, 줄기가 점점 더 자랍니다.

이것도 제가 아주 좋아하는 식물이에요. **성장하면 잎이 무지막지하게 커져서, 웬일인지 구멍이 생기거나 갈라지기도 하지요.** 그 괴물 같은 모습이 이름의 유래가 되었다고도 하는 몬스테라. 하지만 정말 똘똘하고 착한 아이입니다. 잎

잎이 갈라지는 것도 합리적으로
잎이 적을 때는 갈라지지 않고 성장에 맞춰 늘려 갑니다.

흰 무늬를 유지하기란 힘들어…
무늬 몬스테라. 흰 부분은 환경에 무척 민감해요. 그래서 집에 데려오면 흰 부분은 거의 노란색으로 변색되어버려요.

이런 타입도 있어요
몬스테라 카스테니안도 몬스테라 종류예요. 이 아이는 구멍이 생기지 않는다고 하네요.

에 생기는 구멍을 보면 잘 알 수 있지요.

식물에게 잎은 광합성을 하기 위한 중요한 기관입니다. 조금이라도 겉의 면적이 넓으면 유리하겠지요. 몬스테라는 **스스로 잎에 구멍을 뚫음으로써 빛을 온몸으로 받을 수 있고, 비바람에 견디기 쉬우며 통풍이 좋아지는 등의 장점**을 누리고 있어요. 몬스테라는 **다른 식물에 달라붙어 자라는데,** 그 식물의 줄기가 꺾일 때도 있답니다. 그러면 몬스테라도 봉변을 당하게 되지요. 하지만 몬스테라는 잎에 구멍을 뚫어서 아래에 있는 잎을 살려 두기 때문에 **같이 꺾여도 중간부터 다시 성장**할 수 있어요. 어쩜 이렇게 똘똘할까요!

식물 카탈로그 7

점점 늘어난다! 점점 커진다! 알면 알수록 깊은 스킨답서스

과명 천남성과

별명 악마의 덩굴

원산지 솔로몬제도

물 주기

선호하는 밝기

겨울나기 온도

최저 8℃ 이상

병해충

진딧물, 깍지벌레, 응애

MEMO

몬스테라처럼 길러주면 대개 문제 없이 자라요!

파키라처럼 유명한 스킨답서스도 알면 알수록 깊은 식물이에요. 스킨답서스는 **줄기를 아래로 늘어뜨리면 잎이 작아지고 마디 사이가 넓어집니다.** 그리고 **나무고사리 목부작* 등 수분을 머금은 지지대나 벽을 타고 가게 하면 공중에**

스킨답서스 '마블 퀸'
크림색 계열의 스킨답서스. 밝은 곳에 두면 저절로 크림색으로 잘 바뀐답니다.

스킨답서스 '엔조이'
무늬가 들어간 자그마한 스킨답서스. 창가에서 빛을 받은 모습이 최고예요.

관엽식물의 붐을 일으킨 장본인이죠!

스킨답서스 '글로벌 그린'
개인적으로 녹색 대비가 너무 좋아요. 시중에 많이 유통되고 있으니 여러 개 사서 풍성하게 보이는 것도 좋겠네요!

서 뿌리를 내려 잎이 커지지요.

작은 잎을 좋아한다면 공중 식물로 조그맣게 모양을 즐길 수 있어요. **잎을 크게 만들고 싶으면 수분을 줄기가 타고 가게 하세요.** 흔히 있는 녹색의 가는 지지대로는 효과가 없답니다. 스킨답서스는 **마디마다 있는 공기뿌리가 커져서 수분을 빨아들이면** 다음에 나올 잎도 커지기 때문이지요. 크기는 몬스테라 정도로 커져요. 사실 스킨답서스도 몬스테라도 똑같이 천남성과인데, 생육 스타일도 꼭 닮았어요. 스킨답서스는 오키나와에도 자생하는데, 거기서는 잎이 아주 거대하답니다. 여행을 가게 되면 꼭 보세요!

* 나무고사리 목부작: 나무고사리는 양치식물의 일종(94쪽 참조). 굵어져 키가 커진 나무고사리의 줄기를 막대처럼 건조시킨 것을 '나무고사리 목부작'이라고 하는데, 관엽식물의 지지대로 쓴다.

인기는 있지만 그림의 떡 아니, 그림의 양치식물 아디안텀

자그마한 잎과 사뿐사뿐 펼쳐지는 수형 덕분에 매우 큰 인기를 자랑하는 아디안텀. 하지만 **관리하기가 상당히 어려워서** 폭신한 수형을 유지하기는커녕 민둥산이 되어버리는 일도 있습니다.

아디안텀은 배수구에 자생하는 경우가

아무튼 물이 부족하지 않게 주의를!
건조에 매우 약하기 때문에 어디에 놓을지 신경 써서 골라야 합니다. 서향이나 강풍 등은 피하는 편이 무난합니다.

성장세는 좋으니 액체 비료를 자주 주기
새싹이 불쑥불쑥 나오기 때문에 성장기에는 액체 비료로 커버하면 좋아요.

잎이 쪼글쪼글
해지기 쉬워요

여름을 날 준비를!
여름철에는 후끈한 실내를 조심하세요. 통풍을 좋게 하고, 장마철에는 시든 잎을 싹둑 잘라내는 등 대책이 필요합니다.

많은데, 자연의 모습을 통해 재배 힌트를 많이 얻을 수 있답니다.

① 뿌리를 깊이 내리지 않는다
② 흙은 항상 젖어 있지만 물은 흘러서 움직인다
③ 영양 매우 많이 필요하다

이 3가지를 기르는 방법에 적용하면 이렇게 됩니다.

① 깊은 화분은 피한다
② 흙은 물을 충분히 머금고 있지만 수분이 정체하지 않는 것으로 한다
③ 성장기에는 액체 비료를 자주 준다

아디안텀 관리에 실패한 분은 위의 내용을 잘 보고 다시 도전해보세요.

배수구 프로그램을 위하여!

식물 카탈로그 9

시크한 집에 필요한 것! 예술, 간접 조명, 그리고 박쥐란

남성들의 열렬한 사랑을 받고 있는 박쥐란. 방의 한 면을 이 식물로 뒤덮은 사람도 있을 정도입니다. 박쥐란은 품종 교배가 활발하게 이루어진 덕분에 **종류가 매우 많은 아이**예요. 가격도 한 그루당 몇 천 원에서 몇 십만 원까지 다양합

한쪽 잎만 나온 경우도
외투엽이나 생식엽만 있는 상태가 될 때도 있어요.

박쥐란 리들리
살짝 희귀한 박쥐란. 겨울철에 15℃를 밑도는 환경에서는 살지 못하므로 리들리를 집에 들일 분들은 주의하세요. 추위를 정말 잘 타거든요.

외투엽(영양엽)

생식엽(포자엽)

두 종류의 잎은 모양이 완전히 다르다
나무줄기를 향해 퍼져 있는 양상추 느낌이 나는 것이 물이나 양분을 저장하는 외투엽이고, 이쪽으로 튀어나와 있는 것이 홀씨를 만들기 위한 생식엽이에요.

니다.

그런 박쥐란은 **다른 수목에 달라붙어 생활하는 착생 식물**이랍니다. 땅에서 수분이나 양분을 빨아들이지 못하지요. 때문에 **광합성을 해서 홀씨를 만들기 위한 잎, 물과 영양을 확보하기 위한 잎으로 잎의 용도를 나누는** 특수한 식물이기도 합니다. 꾸밀 때는 더 **자연의 모습을 재현하기 위해 코르크, 유목, 목판 등에 물이끼와 어우러지게 하면 만점이지요.** 어떤 재료를 사용하고 어떤 품종을 어디에 장식할까요? 오더 메이드 인테리어처럼 자신만의 일품을 즐길 수 있습니다. 식물, 거기에 맞춘 소재까지 여러 가지 모습을 살려서 최고의 박쥐란으로 꾸며보세요.

식물 카탈로그 10

남몰래 조용조용 자란다 세련된 해초 같은 산세비에리아

마치 풀메이크업을 한 다시마 같은 산세비에리아. 뽑은 모종*으로 판매되기도 하는데, 그때의 모습은 다시마 느낌을 한층 더 강하게 풍깁니다. **도톰한 잎은 수분을 많이 머금고 있어 건조에 강한 것**이 특징입니다.

산세비에리아 '화이트 허니'
흰 타입의 산세비에리아. 어두운 곳에 두면 예쁜 흰색 부분이 칙칙해집니다. 빛을 꼭 받게 하세요.

번식을 하려면 잎꽂이를 추천
산세비에리아는 뽑아낸 잎을 흙에 심어두기만 해도 뿌리가 돋아납니다. 물에 담가서 번식하는 방법(116쪽 참조)보다 관리가 간단해서 추천합니다.

어두운 곳에서도 어찌어찌 잘 자란다
기본적으로는 밝은 곳에 둬야 하지만, 어두워도 어찌어찌 잘 자라기 때문에 집 안 어느 곳에나 둘 수 있는 식물이에요.

산세비에리아 프랜시
잎에 박히면 엄청나게 아픈 성게 파입니다. 다른 아이들과 똑같은 방법으로 기르면 되는데, 어두운 곳에서 기르면 웃자라서 수형이 굉장히 흐트러집니다. 그게 또 귀엽긴 하지만요.

사실 산세비에리아에는 파벌이 있는데, 다시마 파와 성게 파로 나뉜답니다. 성게 파는 가느다란 가시처럼 생긴 잎이 동그랗게 모여 있는 것이 특징입니다. 선인장 가시가 재봉틀의 바늘 정도 되는 공격력을 가졌다면, 성게 파 **산세비에리아의 가시는 창 정도**는 됩니다. 조심성 없게 바닥 아무 곳에나 두고 깜빡 그 위에 웅크리면 처참한 꼴을 당하게 될 거예요.

주의해서 취급해야 하는 산세비에리아지만, **겨울나기는 상당히 간단**합니다. 1~2월쯤 **혹독한 추위가 이어지는 기간에는 단수만 하면 끝**이에요. 단, **12~13℃ 정도 되는 방에서는 한 달에 한 번 물을 주면 잎이 잘 상하지 않지요.** 꼭 방에 들여보세요.

* 뽑은 모종: 단지나 화분에서 뽑아 흙을 털어낸, 뿌리가 달린 상태의 모종.

왠지 모르게 여러 가지 식물을 다 닮은 듯한 필로덴드론

과명 천남성과

별명 사람 손 덩굴풀

원산지 열대 아프리카

물 주기

선호하는 밝기

겨울나기 온도

최저 8℃ 이상

병해충

깍지벌레, 응애

MEMO

너무 어두우면 키우기 까다로워요. 너무 많이 자라 버리거든요.

진한 녹색과 연한 녹색의 대비가 아름다워서 스킨답서스 같은 느낌이 강한 이 식물의 이름은 '필로덴드론 옥시카르디움 브라질'입니다. 기르는 방법도 스킨답서스와 비슷해서 **스킨답서스와 같은 환경이라면 전혀 문제없이 건강하게**

스킨답서스의 줄기

필로덴드론의 줄기

스킨답서스인가요? 아니에요

필로덴드론 옥시카르디움과 스킨답서스는 잎의 크기가 같을지라도 줄기 굵기에 차이가 있어요.

공기뿌리는 하는 일이 많다

줄기 중간부터 나오는 공기뿌리. 다른 식물을 휘감거나 습도가 있는 장소에서는 물을 빨아들이기 위해 땅속 뿌리로 변신하기도 해요.

성장하는 아이지요. 스킨답서스보다 줄기가 가늘어서 잎이 더 도드라지기 때문에 즐겁게 기를 수 있답니다.

종류가 많은 필로덴드론은 원래 자립하는 식물이 아니라, 줄기 중간부터 뿌리를 마구 내서 **다른 식물에 달라붙는 타입**이랍니다. 그런데 옥시카르디움처럼 아래로 **축 늘어지는 타입**도 있는가 하면, **어느 정도 자립하는 타입**도 있습니다. 오히려 이 자립 타입이 더 많이 보일 거예요. **자립 타입의 아이들은 줄기가 자라기 쉽도록 잎도 크기 때문에 빛을 확실하게 확보하지 않으면 처집니다.** 수형을 유지하기가 어려워지니까 밝은 곳에 두는 것을 추천합니다.

필로덴드론 '셀로움'

셀로움은 성장하면서 잎이 떨어지는데 마디에 눈처럼 생긴 흔적이 남고, 잎도 매우 커져서 조금 무시무시한 모습으로 자랍니다. 마치 악마 같은 모습으로 말이지요.

필로덴드론 '버킨'

버킨은 셀로움과 완전히 딴판으로 천사 같은 식물입니다. 새싹은 순백으로 나오고, 점차 녹색의 발색이 강해지는 신비로운 식물이지요. 최근에는 구하기 쉬워졌답니다.

필로덴드론 '핑크 프린세스'

희귀 품종 중 하나입니다. 무늬는 무작위로 들어가지만, 잎의 절반이 핑크가 될 때도 있답니다! 생산자처럼 예쁘게 만들기란 어렵지만, 다음에 어떤 잎이 나올지 기다려 보는 것도 정말 즐거워요!

필로덴드론 옥시카르디움 '브라질'

옥시카르디움은 공중에 매다는 것이 어울리는 필로덴드론입니다. 이런 그린×옐로의 브라질 컬러를 가진 식물은 흔하지 않아서 넋 놓고 바라보게 되지요.

말쑥한 몸과 대조적인 굵은 줄기로 물을 듬뿍 저장하는 보틀 트리

과명 벽오동과

별명 브라키키톤

원산지 호주

물 주기

선호하는 밝기

겨울나기 온도

최저
8~10℃
이상

병해충

응애

MEMO

건조에 강하기 때문에 식물을 편하게 기르고 싶은 분들은 꼭 들여보세요.

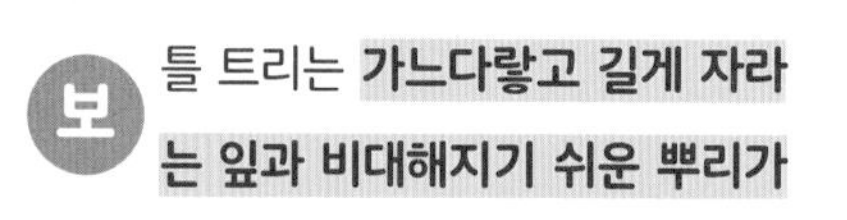

보틀 트리는 **가느다랗고 길게 자라는 잎과 비대해지기 쉬운 뿌리가 특징**입니다. 잎이 얇기에 많이 커져도 외관상으로는 말끔해서 어떤 방에도 잘 어우러지지요.

보틀 트리는 초보자들도 기르기 쉬운 식

얼마나 물을 많이 저장하려고?
굵은 줄기에 수분을 저장해서
건조를 버티는 힘을 갖췄어요.

이런 모양의 잎도 있다!
브라키키톤 디스컬러라는 종류는 잎의 모양이 완전히 다르고 크기도 커진답니다.

말쑥한 수형은 여름에 안성맞춤
가늘고 길게 뻗은 잎이 특징이라 말쑥한 수형을 좋아하는 팬도 많을 거예요.

물인데, 그 이유는 뿌리에 있습니다. 보통 뿌리가 굵은 식물은 건조에 강한 경향이 있기 때문에 **보틀 트리도 건조에 무척 강하지요.** 물을 깜박 잊고 주지 않아도 견뎌 주는 경우가 많은 아이랍니다.

여기서 하나 주의점이 있습니다. 건조에 강하다는 것은 바꿔 말하면 습윤에 약하다는 뜻! 특히 **물이 잘 빠지지 않는 흙과는 궁합이 최악**이니, 되도록 **물이 잘 빠지는 상태를 유지**해주세요. 흙뿐 아니라 화분의 구조에 따라서도 배수에 차이가 납니다. 뿌리가 썩는 게 너무 걱정되면, **제올라이트처럼 뿌리가 썩는 걸 막아주는 방지제를 같이** 사용하세요.

식물
카탈로그
13

추위에도 건조에도 이상할 정도로 강하다 식물계의 파괴왕 스트렐리치아

과명 극락조과

별명 극락조화

원산지 아열대 아프리카

물 주기

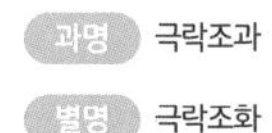

선호하는 밝기

겨울나기 온도

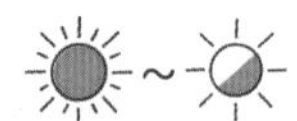

최저
3℃ 이상

병해충

깍지벌레

MEMO

뿌리가 비대한 타입이라서 건조에 강해요. 물을 너무 많이 주지 않도록 주의하세요.

남쪽 나라의 느낌이 강한 극락조화. 물에 대한 욕망은 식물계에서도 제일 갈 정도로 강하답니다. 식물은 성장하면 화분 안에 뿌리가 가득 차 쇠약해지는 경우가 많은데, **극락조화는 빽빽해져도 변함없이 뿌리를 성장시킵니다.** 결국 도

신기한 좁은잎극락조화
성장하면서 잎의 표면이 줄어드는 타입.

한가운데를 조심하세요
극락조화는 한가운데에서 새싹이 돋아나요. 꺾지 않도록 조심하세요!

잠깐 안 본 사이에 이렇게 커지다니…
성장 속도가 무척 빨라서 1년쯤 지나면 상당히 커져요.

자기 화분은 깨지고, 플라스틱 화분은 모양이 변하기도 하지요. 비정상적으로 성장력이 강하기 때문에 도자기 화분보다는 **플라스틱 화분을 추천**합니다. 도자기 화분은 화분 커버로 사용하세요.

극락조화 중에 흔히 보이는 것이 잎의 폭이 넓은 스트렐리치아 니콜라이나 레기니아입니다. 그리고 희귀 품종으로는 '좁은잎극락조화(Strelitzia juncea)'라 불리는 아이가 있어요. **좁은잎극락조화는 성장을 하면서 잎이 극단적으로 작아지고,** 마지막에는 막대기처럼 된답니다. 극락조화는 잎의 폭이 넓은 것도 있고 좁은 것도 있으니 취향대로 골라보세요!

여성 지지율 넘버원? 아름다운 잎에 매료되는 칼라테아

선명한 잎 모양으로 매우 개성 넘치는 멋진 식물입니다. 그중에서도 인기가 높은 것은 '퓨전 화이트'와 오르비폴리아입니다.

퓨전 화이트는 인기도 엄청나지만 가격도 어마어마한 희귀 품종이랍니다. 칼라

칼라테아 오르비폴리아
성장하면 봉긋하게 퍼지기 때문에 인테리어 효과가 뛰어난 칼라테아예요.

칼라테아 무사이카
무사이카는 모자이크 같은 심플한 무늬로 인기랍니다. 저도 넙죽 집에 들이고 말았지요.

칼라테아 '엠페러'
엠페러는 겉보기에는 희귀한 퓨전 화이트와 색깔만 달라 보입니다. 뿌리가 썩으면 사진처럼 잎이 크게 상해요. 지금 제가 기르고 있는 아이예요.

테아는 고온다습을 좋아하는 식물이라 잎을 예쁘게 펼치는 게 살짝 어렵습니다. 그러니 퓨전 화이트는 저렴한 종류의 칼라테아를 먼저 길러 보고 익숙해지면 도전하는 것을 추천합니다. 한편, 오르비폴리아는 가격은 저렴하지만 겉으로 보이는 우아함은 가격보다 3배 정도 가치가 있답니다. 특히 **동그랗고 봉긋하게 퍼지는 모습과 부드러운 녹색 잎은 집에 꼭 장식하고 싶어지지요.**

칼라테아는 습도 변화에 약한데, 특히 건조한 걸 싫어해 마른 바람이 휘휘 닿으면 잎을 동그랗게 말아서 토라져버리니 되도록 **습도 변화가 적은 장소**에 두세요.

흔히 보는 것은 꽃으로 둔갑한 가짜 모습!? 호접란을 비롯한 착생란들

호접란 하면 어떤 모습이 떠오르나요? 아마도 100명 중 100명이 '꽃이 축 늘어진 모습'을 떠올릴 거예요. 호접란은 선물 용도로 많이 생산되기에 꾸며진 모습으로만 유통합니다. 하지만 호접란을 비롯한 **난초과 식물은 원래 나무 위**

세이덴파데니아 미트라타
잎이 특징인 난초. 난초에 빠졌다면 꼭 들여보세요.

덴드로비움
파이프처럼 난 잎이 귀여운 난초예요. 착생한 모습이 정말 아름답지요.

호접란(코르크 부착)
또 다른 이름은 와일드 호접란! 원예 가게에서는 꽃이 얼마나 피었느냐에 따라 호접란의 가격을 깎아주는 곳이 많아요. 코르크가 부착된 난초에 도전할 때는 할인해주는 아이를 고르면 이득이겠지요!

에서 살아요. 흔히 말하는 **착생 식물**이지요. 그래서 난초는 다른 식물과 다른 기능을 갖추고 있답니다.

먼저 크게 다른 점은 뿌리예요. 식물은 보통 물을 흡수하기 위해 땅에 뿌리를 내리는데, **난초는 나무에 달라붙을 수 있을 정도로 강인한 뿌리를 공중으로 내리지요.** 또 다른 점은 광합성입니다. 땅에서 물을 흡수하지 못하는 나무 위에서 광합성을 한다면, 기공이 열려서 바로 시들어버리겠지요. 그래서 **광합성 작업의 일부를 밤에 해서 물 소비를 줄이면서 영양으로 바꾸고 있답니다.**

식물 카탈로그 16

무늬가 있는 아이는 어둠을 조심! 매달아 키울 수 있는 흰줄무늬달개비

과명 닭의장풀과

원산지 미국

물 주기

선호하는 밝기

겨울나기 온도

최저 8℃ 이상

병해충

깍지벌레

MEMO

예쁜 무늬를 내고 싶다면 밝은 곳에 두세요.

스킨답서스와 비슷한 방법으로 기를 수 있습니다. **매달아서 키우는 경우가 많아서** 행잉 화분에 담아 판매될 때도 있답니다.

저렴하고 보기에 예쁜 품종인 '자주달개비 플루미넨시스 라벤더(Tradescantia

사실은 이렇게 색이 선명해요
빛을 듬뿍 받으면 이렇게 선명한 색깔을 띠어요.

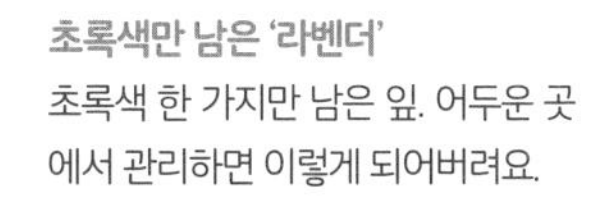

초록색만 남은 '라벤더'
초록색 한 가지만 남은 잎. 어두운 곳에서 관리하면 이렇게 되어버려요.

낭만적인 이름이에요!
'백설희'라고 불리며 실라몬타나라는 이름으로도 유통되는 이 아이는 잎이 하얀 솜털로 덮여 있어 신기하답니다.

fluminensis 'Lavender')'는 녹색 잎에 라메처럼 반짝반짝한 보라색 무늬가 들어갑니다. 이 **무늬는 밝은 장소일수록 더 선명하게 들어가기 때문에 어두운 곳에 두면 진녹색 잎**이 되어버리고 말아요. 그럴 땐 무늬가 있는 곳까지 **잘라내서 더 강한 빛을 쬐도록 하세요.** 그러면 높은 확률로 무늬가 다시 나타날 거예요.

자주달개비는 잎의 마디에 나오기 쉬운 뿌리가 숨어 있어요. 그래서 이 부분을 남겨 놓고 자른 다음에 물에 넣어 두면 바로 뿌리가 나서 번식할 수 있습니다. 그리고 오랜 기간 동안 기르면 밑동 쪽 잎이 시들어서 썰렁한 모양으로 변하지만, **잘라내면 수형을 유지**할 수 있답니다.

세련된 별명은 'ZZ 플랜트' 자미오쿨카스 자미폴리아 aka 금전수

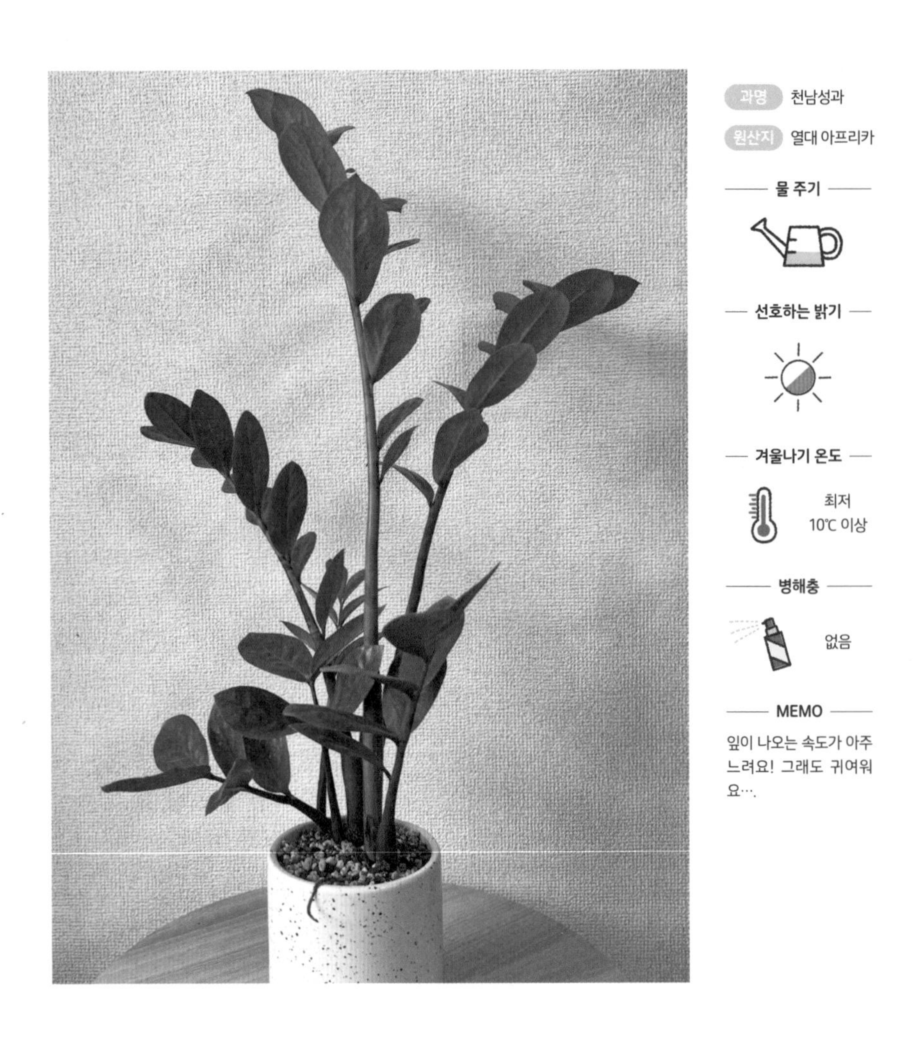

금전수는 영어 이름(Zamioculcas zamiifolia)의 첫머리 글자를 따서 ZZ 플랜트라고 불립니다. 땅속에서 불쑥 고개를 내미는 식물인데, 사실 **땅속에 덩이뿌리 같은 덩어리**가 잠을 자고 있지요. 이 덩어리 덕분인지, ZZ 플랜트는 물을 주지

녹색의 노멀 ZZ 플랜트
노멀 타입의 금전수. 반들반들한 새싹이 최고네요.

잎의 색깔이 녹색에서 검은색으로 변화
레이븐의 최대 특징은 새싹이에요. 이 아이는 처음에 녹색이거든요. 점점 까맣게 물드는 모습을 꼭 가까이에서 보세요.

멋있는 가짜 녹색?
아니요, 이게 레이븐이에요. 어두운색 잎이 정말 멋있지요! 노멀 타입과 똑같이 기르면 됩니다.

않아 시들게 하는 것이 불가능할 정도로 **강인한 건조 내성**을 갖추고 있어요. 손쉽게 구할 수 있습니다. 단, 극락조화와 마찬가지로 뿌리가 매우 강인하답니다.

추천 품종은 **레이븐**입니다. ZZ 플랜트는 보통 잎이 녹색인데, 이건 **새까맣지요.** 가격은 여전히 비싸지만 최고로 멋진 식물이라서 저희 집에도 들였답니다.

ZZ 플랜트는 특히 레이븐의 새싹이 나오는 순간에 감동을 맛볼 수 있을 거예요. **잎을 사용해서 번식하는 잎꽂이**를 할 수 있는데, 뿌리가 나온 후에는 **성장이 매우 느리기 때문에** 인내심을 갖고 기다리세요.

식물
카탈로그
18

흙은 필요 없지만 곁에 누가 있었으면 좋겠어 외로움을 타는 공중 식물

과명 파인애플과
별명 에어 플랜트
원산지 중남미

물 주기

선호하는 밝기

겨울나기 온도

최저
10℃ 이상

병해충

드물게
응애

MEMO

건조한 외관과 달리 의외로 물을 흡수하기 때문에 꼬박꼬박 물을 주세요.

공기 중의 수분을 흡수하기 때문에 흙이 없어도 자란다는 문구로 잡화점에서도 파는 공중 식물. 정식 이름은 **틸란드시아.** 확실히 **흙이 없어도 자라지만, 착생 식물이라서 물을 흡수하기 위해 뿌리가 자랍니다.** 자란 뿌리가 누군가에게

틸란드시아 세로그라피카
공중 식물 하면 세로그라피카지요. 그 몸에 탱크를 갖고 있어서 물을 저장할 수 있어요.

스패니시모스
스패니시모스는 왕성하게 잘 자라기 때문에 어느새 부쩍 길어져 있어요. 물을 잘 주면 녹색으로 변하니 색깔을 보고 물을 줄지 판단하세요. 분무기를 뿌렸는데 색깔이 달라지지 않는다면 수분이 부족하다는 뜻이에요.

일단 저렴한 것부터
쉽게 살 수 있는 공중 식물들. 가볍게 시작하고 싶다면 여기서 출발하세요. 단, 잎에 주름이 진 경우는 이미 말라 있을 수도 있으니 신중히 고르세요.

붙으면 발동이 걸려 쑥쑥 성장하기 때문에 유목 등에 착생시켜 내린 뿌리로 모양을 잡는 방법도 있으니 꼭 길러보세요!

보통은 **물을 주지 않거나 시들게 만들어서 실수하는 경우가** 많습니다. 공중 식물은 겉보기에는 크게 변화가 없어서 잘 모를 수도 있는데, 물을 꼭 흡수한답니다. **물을 한 번 주고 1주일 이상 지나면 분무기로 듬뿍 적셔주세요.**

물을 준 다음 환경에도 주의가 필요해요. **스패니시모스는 적신 후에 확실히 말리지 않으면 깨끗한 상태를 유지할 수 없으니,** 물을 준 직후에는 곰팡이가 생기기 쉬운 장소를 피해서 말린 다음에 다시 두세요.

식물 카탈로그 19

'집이 온통 이 아이들'이 되어버릴 정도로 튼튼한 식물 홍콩야자(쉐프렐라)

과명 두릅나무과

별명 우산 나무, 난쟁이 우산 나무

원산지 중국 남부~대만

물 주기

선호하는 밝기

겨울나기 온도

최저 5℃ 이상

병해충

진딧물, 깍지벌레, 응애

MEMO

아무튼 강해요! 하지만 장소를 자주 옮기는 걸 아마 싫어할 거예요.

일본에서는 케이폭이라고도 불리는 식물입니다. '홍콩 케이폭'이라는 이름으로 유통되는 무늬 품종이 유명하지요. 가격이 매우 저렴해서 시작하기도 쉽고, **관엽식물 중에서도 유독 튼튼**하기 때문에 식물 초보자들에게도 딱 맞아요. 어

빛에는 살짝 민감

온도나 건조의 변화에는 둔한 반면, 빛에는 살짝 민감하다는 인상을 받았어요. '여기야!' 하고 한 번 정한 장소에 계속 두는 게 좋을 거예요.

어두우면 잎이 작아진다

어두운 곳에 두면 잎이 작아져요. 이건 이것대로 귀엽지만요.

린 줄기는 부드럽지만, 성장하면 목질화를 시작해서 수목 같은 늠름한 모습으로 바뀐답니다. 그래서 **어린 동안에는 가지를 꺾거나 해서 마음에 드는 수형으로 만들 수도 있어요.**

기를 때는 이렇다 할 포인트도 없는 홍콩 야자이지만, **햇빛이 적으면 잎이 확 작아지고 웃자라요.** 일단 웃자라면 모양을 정돈하기가 어려워지므로 **밝은 곳에 둬야 예쁘게 자란답니다.** 홍콩 야자는 둥그스름한 잎이 불가사리 모양으로 나는 게 일반적이에요. 하지만, 삼각형과 하트의 중간 모습으로 귀여운 잎이 달리는 트라이앵귤라리스라는 종류도 있습니다.

식물 카탈로그 20

일본에 자생하면서 꽤나 키우기 어려운 양치식물 나무고사리(헤고)

잎이 전부 다 떨어져도 뿌리가 살아 있으면 또 나니까 포기하지 말고 지켜보세요.

과명 나무고사리과

원산지 난세이제도, 동남아시아

MEMO 기르기가 엄청나게 어려워요. 참고로 저희 집 아이도 시들었어요. 미안하다….

물 주기

선호하는 밝기

겨울나기 온도

최저 5℃ 이상

병해충

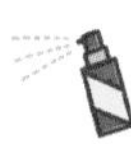

깍지벌레

나무고사리는 일본의 가고시마현에 자생하는 식물입니다. 다네가 섬에서는 관광지인 자생지를 볼 수 있지요.

일본에서 자라고 있다는 건 일본의 환경에 적합하다는 뜻일 테니 잘 기를 수 있겠다! 저도 처음에는 그렇게 생각했는데, 그건 큰 오산이었습니다. 나무고사리는 **고습도에 저온이라는 환경을 좋아하는 것 같은데,** 정반대가 되기 쉬운 **실내에서 기르면 눈 깜짝할 새에 잎이 전부 다 시들어 떨어지는 경우**가 있답니다. 개인적으로 기르기 어렵다고 느낀 식물 중 하나이기도 합니다.

식물 카탈로그 21

물이 부족하면 곧장 토라진다 남쪽 나라 분위기 용비늘고사리

물이 부족하면 풍성한 잎이 바로 축 처져요. 뿌리 쪽부터 꼼꼼하게 물을 주세요.

과명 용비늘고사리과

원산지 동남아시아, 대만

MEMO 헤고를 닮았지만, 이 아이는 엄청나게 키우기 쉽습니다. 그러나 물이 쉽게 부족해진답니다.

물 주기	선호하는 밝기	겨울나기 온도	병해충
		 최저 8℃ 이상	 깍지벌레, 응애

용비늘고사리는 뿌리줄기가 커서 몸 안에 물을 듬뿍 저장할 것 같지만, 번지르르한 겉모습에 속지 마세요. '물을 저장해둘 마음은 있는 건가요?' 하고 물어보고 싶을 정도로 금방 **물이 부족**해진답니다.

물을 줄 때는 뿌리줄기부터 주세요. 매일 체크할 때도 **뿌리줄기에 분무기로 물을 뿌리도록** 하세요. 용비늘고사리는 뿌리줄기의 비늘 조각을 사용하는 '비늘 꽂이' 방법으로 번식하는 듯한데, 이 방법은 아마 난도가 꽤 높을 거예요. **번식은 재배에 익숙해진 다음**에 하세요.

식물 카탈로그 22

이름은 달콤하고 앙증맞지만 어느새 시들기 쉬운 슈가바인

슈가바인은 축 늘어뜨려서 키우는 경우가 많아요. 정기적으로 잘라주면 뿌리 부근의 잎을 유지할 수 있습니다.

과명 포도과

원산지 씨 없는 원예종

MEMO 덩굴이 지저분하게 자라지 않도록 잘라주세요. 잎이 얇으니 건조해지지 않도록 물을 줘야 합니다.

물 주기

선호하는 밝기

겨울나기 온도

최저 8℃ 이상

병해충

깍지벌레

슈가바인이 자꾸 말라 죽는다며 손사래를 치는 분들이 많은데, 거기엔 이유가 있습니다.

슈가바인은 기본적으로 자잘하게 자른 마디에 뿌리를 나게 해서 5~6개 모아심기한 화분을 판매하는 경우가 많습니다. 그러니까 **뿌리가 제대로 난 줄기는 살고, 어중간하게 성장한 줄기는 시들어버리게** 되는 것이지요. 잘 기르고 싶다면, **처음 분갈이를 할 때 화분 사이즈를 키우지 말고** 구입했을 때와 **비슷한 사이즈로 해보세요.**

식물 카탈로그 23

눈 깜짝할 새에 쑥쑥 자라 야단법석을 피우는 싱고니움

'무늬 싱고니움'은 흰 무늬가 들어간 품종인데, 어두운 곳에 두면 녹색 부분이 더 많아져요.

과명 천남성과

원산지 열대 아메리카

MEMO 기르는 건 간단해요. 그런데 예쁜 스타일을 유지하는 게 힘들어요.

물 주기

선호하는 밝기

겨울나기 온도

최저 10℃ 이상

병해충

깍지벌레, 응애

산지 얼마 되지 않은 싱고니움은 풍성하고 아름답지만, 그것도 잠깐입니다. **눈 깜짝할 새에 쑥 자라서 대부분은 옆으로 처지고** 맙니다.

홀로 서게 만들려면 바로 위에서 강한 빛을 비추거나, 지지대를 꼭 곁에 둬야 되지요. 하지만 오히려 이를 역이용해서 **공중 식물**로도 꾸밀 수 있답니다. 바닥이든 벽이든 천장이든, 장소를 가리지 않고 즐길 수 있어서 좁은 방에도 추천합니다. 색이나 모양도 다양해서 무늬가 들어간 것도 있고 잎의 뒷면 색깔이 다른 것도 있으니 마음에 드는 걸로 골라보세요.

column 2

한번 빠지면 못 헤어나온다!
매혹적인 실생의 세계

주로 선인장이나 다육식물 등의 씨는 매우 활발히 유통되고 있습니다. 그중에는 모종으로 사면 매우 비싼 식물의 씨앗도 시중에 팔리고 있지요.

예를 들면, 파키포디움 그락실리우스라는 괴근식물이 있어요. 삼각김밥 정도 되는 크기로 10만원을 넘는 고가의 식물인데, 씨앗은 싸게 살 수 있답니다. 물론 값이 비싼 이유는 그 크기가 될 때까지 막대한 시간이 걸리기 때문이라서 단순한 가격 비교는 좋지 않지요. 하지만 아주 어릴 때부터 정성을 들여서 자라는 모습을 뿌듯하게 지켜보는 즐거움도 정말 매력적이에요.

식물을 씨앗인 상태에서 기르는 실생 재배. 저도 아직 초보이지만 말도 안 되게 깊이 있는 취미를 만나버린 것 같습니다.

살짝 자란 모습

실생 재배를 해서 싹을 틔운 파키포디움 그락실리우스.

CHAPTER

3

식물이
기뻐하는

관리의 기술

분갈이 방법

이것만큼은 알자!
'분갈이=화분을 크게'가 아니다

식물을 기르면서 **분갈이는 꼭 필요한** 작업 중 하나입니다. 식물은 성장하면서 뿌리 양이 늘어나는데, 그렇게 되면 자신의 뿌리를 스스로 눌러서 뭉개는 경우가 생기거든요. 게다가 영원히 같은 흙을 쓸 수도 없는 노릇이잖아요. 흙은 반드시 기능이 떨어지기 때문에 식물이 건강하게 성장하는 걸 방해합니다. 이러한 사태를 막기 위해서 분갈이를 꼭 해줘야 하는 거지요.

그런데 '큰 화분으로 옮겨 주는 게 분갈이 아니에요?'라고 생각하는 분들이 계실까요? 실제로 그건 분갈이의 작업 중 극히 일부분일 뿐입니다.

식물의 분갈이에는 '큰 화분에 옮겨심기', '다시 심기', '작은 화분에 옮겨심기'로 3가지 종류가 있습니다. '큰 화분에 옮겨심기'는 서로 누르고 뭉갤 정도로 뿌리가 화분 속에 가득 찼을 때, 더 큰 화분으로 옮겨서 흙의 양을 늘려 주는 것을 말합니다. '다시 심기'는 현재 심은 흙이나 쓸모없는 뿌리를 없앤 다음, 좋아하는 배양토에 다시 넣어 주는 것을 말합니다. 이때는 화분의 크기를 바꾸지 않아요. '작은 화분에 옮겨심기'는 뿌리가 상해서 정상적인 뿌리가 시들었을 경우, 화분의 크기를 줄여서 남은 뿌리라도 충분히 물을 흡수할 수 있도록 흙의 양을 줄이는 작업이랍니다. 그러니까 **분갈이란 뿌리에 적합하게 흙의 양을 맞추는** 것이지요.

분갈이를 할 때 화분의 크기는 너무 크지 않게

봄에 너무 큰 화분을 쓰면 대개 여름까지는 순조롭게 자라다가 겨울을 제대로 나지 못하는 경우가 많아요. 그렇게 되지 않도록 화분의 크기는 너무 크지 않게 준비하는 것이 좋습니다.

화분 크기를 줄인 식물

뿌리가 썩어서 전보다 훨씬 작은 화분으로 분갈이를 한 식물. 덕분에 지금은 다시 성장을 시작해서 무사히 부활했어요.

이런 식으로 화분 바닥에서 뿌리가 빙글빙글 원을 그리기 시작했다면 뿌리가 막히고 있다는 신호예요.

분갈이를 추천하는 뿌리

분갈이에 실패하기 쉬운 식물

슈가바인 등 꺾꽂이한 것들을 한데 모아 판매하는 그루는 잎이 많아 보여도 큰 화분으로 옮기지 않는 것이 안전해요. 왜냐하면 어린 풀들이 몇 개 모여 있는 것뿐이라서 5개 중 2개 정도는 성장이 느린 경우가 많아 잘 시들거든요.

뿌리를 건드리지 말아야 하는 식물도 있다?

일반적으로 에버프레쉬나 마오리 소포라 등의 콩과 식물은 화분의 모양 그대로 굳은 흙덩어리를 무너뜨리지 않는 게 좋다고 해요. 저는 시험 삼아 덩어리를 풀어줬는데, 뿌리가 끊어지지 않게 잘 풀었더니 문제없이 성장했어요.

분갈이 순서

분갈이는 어렵지 않다! 풀어서 띄우고 물 주기

그럼 실제로 분갈이를 해볼까요! 이때 명심할 포인트 3가지가 있습니다.

첫 번째는 **흙의 표면을 풀어줄 것**(오른쪽 순서❶). 특히 밑동 쪽 표면의 흙에는 벌레가 많이 숨어 있으니, **표면의 흙을 3cm 정도 제거하면** 날파리 등의 번식을 막을 수 있답니다. 또한 가게에서 산 모종은 이미 흙의 기능이 떨어져서 물이 잘 배어들지 않는 경우가 있으니, '흙을 새롭게 만든다'라는 이미지로 풀어주면 좋아요.

단, '직근성'이라고 해서 **뿌리가 중간에 갈라지지 않고 곧게 뻗은 식물은 흙을 조심해서 풀어주지 않으면 바로 약해지는 수**가 있습니다. 직근성 하면 생각나는 건 무인데, 관엽식물 중에는 콩과에 속하는 에버프레쉬 등이 있답니다. 이런 식물은 뿌리가 끊어지면 재생하기가 어려우니까 흙을 마구잡이로 털면 위험하지요. 흙을 전부 다 갈고 싶을 때는 분사 호스로 물을 흘려서 떼어내는 게 제일 좋습니다.

두 번째는 **너무 깊게 심지 않을 것**(순서❷). 분갈이를 할 때는 모종을 한 손으로 띄우면서 주변으로 흙을 넣으세요.

세 번째는 **분갈이 후에 대량으로 물을 줄 것**(순서❸). 분갈이 직후 흙에는 자잘한 알갱이가 모여 있기 때문에, 물을 주면 흙 알갱이 때문에 고여 있던 물이 화분 바닥으로 흘러갑니다. 이 물이 투명해질 때까지 여러 각도로 물을 주세요.

흙을 새로 가는 작업이에요

화분 톡톡을 했나요?

순서❷에서 흙을 넣은 후에 화분을 톡톡 두드렸나요? 흙만 넣고 끝이면 뿌리와 뿌리 사이로 흙이 잘 들어가지 않는 경우가 많아요. 이걸 막기 위해서 줄기를 잘 잡고 화분 옆 부분을 톡톡 두드려야 합니다.

1 흙 풀기

특히 흙의 표면에서 3cm 정도는 풀어줄 수 있다면 흙을 제거해주세요. 여기는 날파리가 알을 낳기 쉬운 구역이거든요.

2 모종을 띄우고 심기

흙을 넣을 때는 한손으로 모종을 잡고 작업하는 것이 가장 좋아요. 만약 뿌리 쪽이 잘 풀어지지 않아서 화분 모양 그대로 분갈이를 한다면, 띄우지 않아도 괜찮아요. 비료는 주지 않아도 됩니다.

3 물 듬뿍 주기

이렇게 하면 NG

처음에는 고였던 물이 나와요. 이때는 아직 물이 부족한 상태예요.

이렇게 하면 OK

이 정도로 물이 투명해졌다면 흙 속이 매우 깨끗해졌다는 뜻이에요. 건강한 뿌리가 많이 돋아나겠지요.

식물의 생사가 갈린다!
분갈이 후의 적절한 관리

식물은 분갈이를 하고 난 후 잘못 관리하면 쉽게 시들어버리는 경우가 있습니다. **만약 분갈이 직후에 바로 시들었다면 이런 원인을 생각할 수 있지요.**

첫 번째는 **뿌리를 잘라서 분갈이를 했는데, 잎을 자르지 않았을 경우.** 식물의 뿌리와 잎은 항상 연결되어 있어요. 뿌리에서 빨아들일 수 있는 물의 양과 잎에서 증산하는 물의 양이 균형이 맞아야 식물은 정상적인 상태를 유지할 수 있는 것이지요. 만약 뿌리를 잘랐다면, 지상부에 있는 잎도 잘라줘야 합니다.

두 번째는 **분갈이 직후에 바로 햇빛에 노출했을 경우.** 뿌리를 건드리지 않고 분갈이를 한 경우는 해당하지 않는데, 뿌리의 흙을 털고 분갈이를 했다면 원래 놨던 장소보다 더 어두운 곳에서 관리해야 합니다. 식물의 입장에서 엉킨 뿌리를 풀어주는 것은 인간으로 따지면 냉장고 안의 내용물을 멋대로 바꿔놓거나 스마트폰 어플 배치를 뒤죽박죽으로 섞어놓았을 때만큼 스트레스거든요(무섭죠). 그렇게 스트레스가 쌓인 식물은 어두운 곳에서 천천히 쉬게 해줘야 합니다.

세 번째는 **비료를 준 경우.** 비료는 식물이 흡수해주지 않으면 흙 속에 점점 쌓여서 농도가 짙어져요. 비료가 고농도인 환경에서는 뿌리가 기능을 제대로 하지 못하고 식물이 상하게 되는 경우가 있답니다.

분갈이를 한 후에는 가급적 환경 변화가 없게!

분갈이를 한 후에는 하루 종일 습도도 온도도 통풍도 햇빛도 안정된 환경에 둘 것. 이런 스트레스가 적은 환경이야말로 식물에게 가장 이상적인 장소예요.

리키다스는 분갈이 후에도 좋아요

비료는 고형이나 액체 비료 모두 분갈이 후 반드시 2주 정도는 지나서 주세요. 만약 뿌리를 빨리 내리길 원한다면, 식물용 활력제 '리키다스'가 잘 들어요.

분갈이 후에는 물을 듬뿍 주기

분갈이 후에는 이렇게 많이 줘도 되나 싶을 정도로 물을 듬뿍 주세요. 반대로 다육식물 등은 잘라낸 부분이 건조해야 하기 때문에 분갈이 후 3~4일 정도 기간을 줘야 합니다. 그렇지 않으면 잘라낸 부분이 덧나서 점점 썩는답니다.

분갈이 후에는 안정된 장소에…

분갈이가 끝난 식물을 햇빛이 강하거나 통풍이 잘되는 창문 앞에 두는 건 조금 가혹해요. 일단 창문에서 멀리 떨어뜨려 놓으세요.

강한 바람에도 주의

바람이 불면 식물은 증산이 활발해집니다. 바람이 너무 강한 장소, 바람이 계속해서 부는 장소는 피하는 게 무난하겠지요.

겨울철 분갈이 비결

겨울이지만 꼭 분갈이를 하고 싶다면 뿌리 풀지 말기!

추운 날씨에도 꼭 분갈이를 하고 싶을 때가 있어요.

일반적으로 겨울에는 분갈이를 자제하라고들 합니다. 그 이유는 **식물들이 온도가 낮은 환경에서는 성장을 멈추기 때문**인데, 다시 말해 분갈이를 한다 해도 뿌리를 뻗을 힘이 없는 거랍니다. 우리 인간도 추운 겨울날 아침에는 이불에서 나가기 싫잖아요. 그런데 누가 이불을 확 걷어버리면 어떨까요? 정말 싫겠지요. 식물도 추울 때는 움직이고 싶지 않은 법입니다.

그럼 '겨울에는 분갈이를 할 수 없을까요?', '절대 하면 안 되는 건가요?'라고 묻는다면, 그렇진 않습니다. 왜냐하면 식물은 움직이고 싶지 않은 이유가 딱 하나, '춥기 때문'이라서요. 그러니까 **따뜻한 방에서는 분갈이를 해도 괜찮습니다.** 특히 **밤에도 계속 15℃를 밑돌지 않는 환경이라면 전혀 문제가 되지 않아요.** 안심하고 분갈이를 해도 좋습니다.

추운 환경에서 지내는 분들도 포기하지 마세요! **식물이 심겨 있는 뿌리 흙 부분을 무너뜨리지 않고 그대로 옮길 수 있다면 분갈이가 가능**해요. 예를 들어, 겨울에 식물을 구입했는데 플라스틱 화분을 그대로 두면 뿌리가 상하지 않을까 걱정되는 분은 뿌리와 흙을 건드리지 말고(오른쪽 사진 설명 참조) 그대로 다른 화분으로 옮겨주면 됩니다. 단, **분갈이 후에는 되도록 따뜻한 곳에서 관리**해주면 안심이겠지요.

겨울에 고민할 바엔…

겨울이 되어 부랴부랴 분갈이를 해야 할지 고민하고 싶지 않다면 9월에 미리 분갈이가 필요한지 체크해보세요. 9월은 식물이 무척 살기 편한 시기예요. 분갈이를 할 수 있는 마지막 기회랍니다!

간단한 방한 방법

분갈이를 한 식물은 되도록 온도 변화가 적고, 항상 15℃ 이상을 유지할 수 있는 환경에 두세요. 저렴하게 보온을 한다면 스티로폼 박스를 추천합니다. 스티로폼은 밖에서 냉기가 들어오지 않도록 지켜주기 때문에 보온성이 뛰어나답니다.

바닥에서 멀어지면 따뜻하다!

겨울철에 창가 근처는 방의 중심과 비교해서 온도가 낮아요. 되도록 창가를 떠나 바닥에서도 멀리 떨어진 선반 위에 올려두세요.

뿌리는 화분 모양 그대로 유지

화분 모양이 그대로 남아 있는 흙덩어리를 근발이라고 하는데, 겨울철에 분갈이를 할 때는 이 모양을 망가뜨리지 않도록 조심하세요. 만약 망가져버렸거나 실수로 건드렸다면, 따뜻한 방에서 2주일 정도 관리해주세요. 그러면 뿌리를 활착시킬 수 있어요.

뿌리와 흙덩어리가 무너지면…

조심을 해도 이렇게 근발이 무너지는 일도 있지요. 그래서 추운 환경에서 사는 분들은 분갈이 작업을 되도록 피하는 걸 추천해요.

가지치기의 기본

불쌍해서 가지치기를 못하겠다면 이 2가지만 기억하기!

'가지치기의 필요성을 잘 모르지만 그냥 자르고 있어요.' 이런 분들 많지요. 그럼 가지치기는 정말 필요할까요? 사실 **생육적으로는 자르지 않아도 전혀 문제가 없답니다.** 단, 외관상으로는 **자르지 않으면 보기에 지저분해지기도 하고, 자르면 더 깔끔하고 예쁘게 식물을 즐길 수 있기도** 하지요. 그러니까 가위 넣는 법을 외워두면, 식물을 원하는 모양으로 다듬을 수 있으니까 지금보다 몇 배는 더 알찬 식물 라이프를 보낼 수 있어요.

외워둬야 할 요소는 딱 2가지예요. 첫 번째는 **'정아 우세'**를 알아둘 것. 식물은 다른 식물보다 더 빨리 위로 뻗어 올라가지 않으면, 그늘에 가려져 생존 경쟁에 이길 수 없습니다. 그래서 **가장 꼭대기에 있는 싹(정아)을 우선해서 성장시키는** 시스템이 항상 가동되고 있지요. 이 시스템은 정아가 상처를 입으면 두 번째였던 싹이 첫 번째가 되어 바로 성장을 시작할 만큼 아주 우수합니다. 그러니까 가지치기를 하면 그 바로 밑에서 성장을 다시 시작한답니다.

두 번째는 **내아와 외아의 관계.** 식물에는 잎과 줄기 사이에 숨은 새싹이 있습니다. 새로운 싹이 자랄 때는 반드시 그 위치에서 자라도록 되어 있지요. 싹 중에서 **줄기 쪽으로 뻗는 싹을 내아, 줄기에서 떨어진 방향으로 뻗는 싹이 외아입니다.** 가지치기를 할 때는 **기본적으로 외아가 자라는 부분 바로 위에서 잘라야 한답니다.**

외아의 위에서 자르는구나

파키라는 가지치기를 권장?

익숙하며 누구나 본 적 있는 식물, 파키라. 파키라는 가지치기를 하지 않으면 가지가 위로 불쑥 자라서 예쁘지 않아요. 그리고 그걸 발견했을 때는 어디까지 잘라내야 할지 무척 고민이 된답니다.

정아가 없어지면 두 번째 싹이 첫 번째 싹이 되어 성장해요.

내아는 중심을 향해 뻗어요. 가지가 갈라진 식물은 중심을 향하는 내아의 위쪽에서 가지치기를 하면 바로 아래에 있는 내아가 자라는데, 결국 줄기에 막히게 되어 곧 다시 잘라야 하는 처지에 놓여버립니다.

외아는 바깥쪽을 향해 뻗어요. 외아가 있는 곳보다 살짝 위에서 자르면, 위로 더 퍼지듯이 잎을 뻗어갈 거예요.

마디보다 1cm 정도 위에서 자르면 대체로 괜찮습니다.

가지치기 방법·
줄기를 굵직하게

굵고 늠름한 줄기를 만들려면 식물을 지루하게 만들지 마라!?

식물이 줄기를 굵게 만드는 이유가 뭐라고 생각하나요? 식물은 몸에 외부 자극이 가해졌을 때 위로 뻗어 나가려는 걸 멈추고 줄기를 굵게 하는 시스템을 갖췄답니다. 이 훌륭한 시스템 덕분에 식물은 혹독한 자연환경에서도 순조롭게 자랄 수가 있지요. 그러니까 **줄기가 굵다는 말은 곧 순조롭게 자라고 있다는 증거**이며, 줄기가 가는 식물이란 자극을 적게 받은 식물이라고도 할 수 있어요.

하지만 자극을 준답시고 식물을 계속 밖으로 꺼냈다 들여놨다 하는 건 꽤나 힘이 들겠지요. 간단히 자극을 주는 방법은 **방의 창을 두 군데 열어서 통풍시키는 것**입니다. 아니면 **서큘레이터 등을 사용해서 인공적으로 바람을 불어넣어 자극을 주는 것**도 효과가 있답니다.

주의점은 하나예요. 서큘레이터를 써서 인공적으로 바람을 넣을 때는 장시간 동안 잎이 팔랑팔랑 흔들리는 위치에 두지 마세요. **잎이 살랑살랑 희미하게 흔들린다…** 이 정도면 충분합니다.

가지치기를 하거나, 줄기를 일부러 휘어지도록 꾸며서 줄기를 굵게 할 수도 있습니다. 특히 가지치기를 하면 곁눈으로 영양을 많이 보낼 수 있어 줄기가 쉽게 굵어진다고 합니다. 줄기가 굵고 튼튼해지려면 시간이 걸리니, 그동안에는 적당히 자극이 있는 환경과 **비료를 충분히 주세요.**

몬스테라에게는 강인함을 요구하지 않는다

몬스테라나 스킨답서스처럼 자립하지 못하는 식물은 줄기를 굵게 하려고 영양을 주면 그걸 키 크는 데 써버려요. 이 아이들의 줄기가 잘 굵어지지 않는 것에는 그런 이유도 있으니 인내심을 갖고 성장을 지켜보세요.

휘게 하거나 자극을 자주 준 식물은 굵어지기 쉽답니다.

오른쪽과 왼쪽 고무나무는 똑같은 사이즈일 때 구입했는데, 줄기의 굵기가 점점 차이 나기 시작했어요. 왼쪽은 와이어로 휘게 해서 가지치기를 한 것인데, 줄기가 굵게 자랐습니다.

칼라테아처럼 성장점이 땅속에 있는 식물은 줄기를 굵게 하려는 성질이 없어요.

이 파키라는 아직 아니지만, 씨앗을 뿌려 기른 '실생' 파키라는 밑동 부분부터 술병 모양으로 퍼지는 재미난 성질이 있어요.

이게 바로 관엽식물의 묘미! 개성 있는 모양 만들기

여러분은 원예 매장에서 줄기가 구불구불 휘어진 식물을 본 적이 있나요? 최근에는 줄기를 일부러 휘어지게 만들어서 꾸민 식물이 무척 인기가 많은데, 생산자도 좀 더 공을 들여서 줄기가 휘어진 상태로 만들어 납품합니다. 그렇게 **식물이 휘어지게 만드는 건 집에서도 할 수 있답니다.**

처음 하는 분들은 **비교적 줄기가 부드러운 식물을 골라 알루미늄 와이어를 써서 휘는지 시험해보는 것**을 추천합니다. 홍콩야자나 마오이 소포라 등이 비교적 잘 휘는 식물입니다. **줄기가 굵은 고무나무 등은 알루미늄 와이어만 가지고는 모양이 잘 잡히지 않으니까 지지대를 세우고 거기에 줄기를 휘게 해서 묶으면** 좋아요.

수형을 만들려면 빛을 어떻게 쬐어야 하는지도 알아두세요. **식물은 잎을 뻗을 때 빛이 어느 방향에서 오는지 정확히 인식**합니다. 이 성질을 이용해서 **높이가 허리 정도에 위치한 창문으로 빛을 쬐면 잎은 위를 향하게** 되겠지요. 반대로 아파트 고층의 베란다 창문은 빛이 옆에서 많이 들어오기 때문에 줄기가 그쪽으로 기울어지기도 한답니다. 또한 **빛이 강하면 줄기의 마디와 마디 사이가 좁아지고, 반대로 빛이 약하면 늘어난다**는 성질도 있으니, 이러한 식물의 성질을 잘 이용해서 자신만의 스타일을 꾸며보세요.

아가베나 파키포디움 그락실리우스는 예술품으로도!

꾸민다고 하면 아가베 등의 다육식물이나 그락실리우스 등의 괴근식물이 떠오릅니다. 마치 예술품 같은 모습으로 꾸미는 사람이 많고, 가격도 100만 원이 넘는 고가의 제품까지 많이 팔리고 있어요.

지지대를 사용해서 형태를 만든 가지

어떻게 해야 할지 모르면 이 모양으로 고정하는 것도 괜찮겠지요!

와이어로 모양을 만든 마오리 소포라

소포라는 잘 휘기 때문에 무척 다루기 쉬운 식물이랍니다.

빛을 조절해서 모양을 바꿔요

싹이 나왔으면 하는 가지의 잎 쪽으로 빛이 잘 들게 하면 그 부분이 잘 자라요.

빛이 오는 방향으로 기울어진 잎

창문 가까이에 둬서 그런지 바로 앞쪽으로 기울어진 필로덴드론. 이걸 고치려면 화분을 조금씩 회전시켜서 잎을 움직여야 해요.

줄기가 휘청휘청 자랐다면 모양을 다시 잡자

오로지 위로만 뻗어 가는 식물을 보고 어떻게 해야 좋을지 모르겠나요? 이건 누구나 겪는 일입니다. **햇빛이 적은 환경에 있는 식물일수록 비실비실 자랍니다.** 한 번 줄기가 자라버린 식물은 아쉽게도 줄어들지 않지요. 그런 식물의 모양을 다시 잡는 방법은 2가지가 있습니다.

첫 번째는 **자르기**입니다. 자르기란 **식물의 길이를 확 줄여서 지저분하게 자란 부분을 제거**하는 방법인데, 식물은 자르면 다시 새싹이 나기 때문에 거기서 다시 기를 수 있답니다. 단, 어두운 곳으로 갖고 가서 관리하면 또 줄기가 쭉 뻗어버리니까 밝은 곳에 두세요.

두 번째는 **꼭대기에 있는 싹을 잘라서 꺾꽂이를 하는 방법**이에요. 자르기를 하면서 잘라낸 꼭대기의 싹을 사용하면 아주 좋아요. 이 방법을 쓰면 한 그루를 깔끔하게 다시 만들 수 있습니다. 고무나무처럼 줄기 하나로 만들 때는 특히 더 효과가 좋지요. 자세한 꺾꽂이 방법은 116쪽에서 소개할 테니 꼭 도전해보세요!

모양을 다시 잡는 건 반드시 생육기에 하세요. 기온이 낮은 환경에서는 식물이 새싹을 틔울 힘이 없으니까 꺾꽂이 등도 성공률이 낮아요. **특히 장마 때를 추천합니다!** 습도로 보나 온도로 보나 최고의 조건이거든요.

형태를 잡는 데 효과적인 조명

장마철엔 식물이 자라기 쉬운 동시에 빛이 부족한 탓에 가늘게 웃자라기 쉽습니다. 그럴 때는 성장 조명을 써보는 걸 추천해요.

잘라내는 건 위에서 1/3 정도까지만

갑자기 줄기 아래까지 자르면 그대로 시들어버릴 수가 있어요. 가위를 넣는 건 줄기의 위에서 1/3 부근까지만! 일단 상태를 보는 걸 추천합니다.

스킨답서스는 꺾꽂이로 단번에 모양 살리기!

스킨답서스 등 덩굴이 자라는 종류는 꼭대기에 있는 싹과 상관없이 줄기를 3마디(116쪽 참조)씩 잘라서 뿌리를 나게 하세요. 가게에 진열되어 있는 스킨답서스도 사진처럼 꺾꽂이를 모은 것들입니다. 이 방법은 간단하기도 하고 단번에 풍성해질 수 있답니다.

방이 어두울 때는 성장 조명도 활용

보기에도 예쁘고 햇빛과 비슷한 빛으로 비춰주니까 관엽식물이 무척 잘 자라요.

클립등도 좋아요

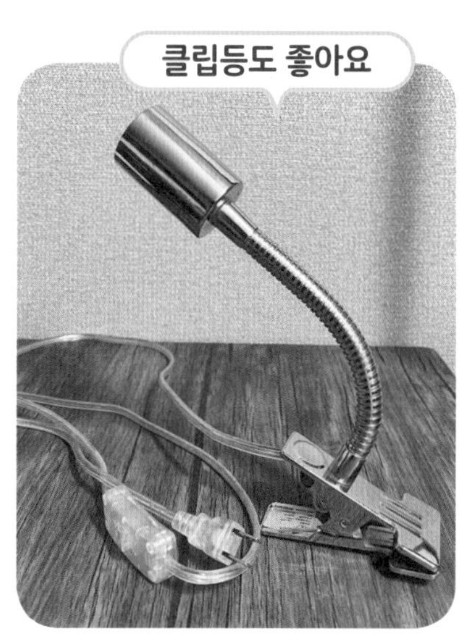

개인적으로는 장소를 불문하고 원하는 위치에서 식물에 빛을 줄 수 있는 클립등이 쓰기 편해요.

관엽식물의 번식

가장 기본적인 번식 방법 꺾꽂이 마스터하기

식물을 번식시킬 때는 한 화분에 심겨 있는 식물에서 가지나 잎 등을 잘라내 새 화분에 심습니다. 몇 가지 방법이 있는데, 그중에서도 따라 하기 쉽고 **성공률이 높은 '꺾꽂이'라는 방법**을 소개하겠습니다. 추천하는 방법은 간단히 할 수 있는 '물꽂이'예요.

식물 말고 필요한 것은 **깊이가 깊은 병, 제올라이트, 가지치기 가위, 물**입니다.

먼저 병 바닥에 제올라이트를 얇게 깔고 물을 넣습니다.

다음으로 꺾꽂이순(꺾꽂이에 쓸 가지)을 준비합니다. **번식시키고 싶은 식물의 천아(줄기 꼭대기에 있는 싹)를 잘라냅니다.** 식물의 잎과 줄기가 합쳐진 부분을 마디라고 부르는데, 이 마디가 1개만 있으면 번식시킬 수 있답니다. 하지만 3마디 이상 남기면 발근이 빠르기 때문에 되도록 천아에서 3마디 이상 잘라낼 수 있을 정도로 자랄 때까지 기다리세요.

잘라낸 꺾꽂이순은 줄기를 사선 혹은 수평으로 잘라내고, 잘라낸 부위를 물에 담가 줄기 밑에서 뿌리가 날 때까지 기다립니다. **물이 줄어들면 그만큼 보충하면 되고, 매일 물을 갈아 줄 필요는 없습니다.** 수초가 생겼을 때는 병과 제올라이트를 씻고 새 물을 넣어주세요. **병은 창문에서 떨어져 있지만 비교적 밝고 바람이 세지 않은 곳에 두면** 좋습니다. 그리고 꺾꽂이순을 심는 순서는 오른쪽을 참고하세요.

양치식물은 꺾꽂이를 할 수 없다

아디안텀 등의 양치식물은 싹이 나는 장소가 한곳에 모여 있는데, 그 부분을 성장점이라고 부릅니다. 이런 식물은 '포기 나누기'로 번식시키는데, 간단히 말하면 식물을 세로로 갈라서 나누는 방식이에요.

고무나무는 꺾꽂이순을 연필 정도 길이로 만듭니다.

꺾꽂이순을 심는 순서

1 뿌리가 많이 날 때까지 기다리기

흙 재배를 할 때는 되도록 뿌리가 많아야 안심이 된답니다. 뿌리가 적은 상태에서 분갈이를 하면 물보다 건조한 흙에 익숙하지 않은 아이들은 약해지기 쉬우니까요.

2 화분은 살짝 작은 것으로

분갈이를 할 때 중요한 것은 화분 고르기예요. 처음에 생각한 크기보다 살짝 작은 화분에 심으세요. 겉으로 보이는 식물의 크기에 맞춰서 큰 화분을 고르기 쉬우니 주의해야 합니다.

3 흙을 넣고 식물을 심으면 끝

심을 때 특별히 신경 쓸 부분은 없어요. 화분에 흙을 넣어주면 끝! 분갈이 후 2주일 이상이 지났으면 묽게 한 액체비료를 넣어주세요. 겨울이 오기 전에 뿌리를 얼마나 튼튼히 만들 수 있느냐가 관건이에요.

식물에 들러붙는 해충의 종류

관엽식물을 노리는 최악의 3대 해충을 조심하라!

관엽식물을 기르면서 자주 생기는 문제 중 하나가 벌레 때문에 입는 피해입니다. 특히 관엽식물을 약하게 만드는 3대 해충은 단단히 대책을 세워야겠지요.

첫 번째 해충은 **진딧물.** 이 벌레는 암컷 한 마리로도 번식을 해서 **식물 새싹에 있는 수액을 빨아먹습니다.** 그리고 탈피를 하기 때문에 번식량이 늘어나면 **식물 주변에 흰 껍데기가 흩어져 있어요.** 발견한 즉시 살충제를 사용해서 어떻게든 번식을 막아야 합니다. 참고로 진딧물 한 마리는 30일 후에 아주 손쉽게 1만 마리를 넘을 정도로 어마어마하게 늘어납니다. 또한 진딧물의 배설물에는 당분이 많아서 개미를 불러 모으거나 잎 위에 떨어진 배설물에 곰팡이 일종이 번식해서 까만 가루 모양으로 보이는 '그을음병'을 유발하기도 합니다.

두 번째는 마찬가지로 흡즙을 하는 **깍지벌레. 크기가 밥알만 한 벌레**인데, 성충이 되면 분무 타입의 약제가 잘 듣지 않습니다. 식물에 약제 성분을 흡수하게 하는 방법이나, 아니면 기름 같은 성질을 가진 약제로 벌레의 호흡이 곤란하게 만들어서 없애는 방법이 효과적이지요. 단, 약제를 뿌려도 '벌레의 잔해'들이 남으니까 칫솔 같은 것으로 떼어내야 합니다.

세 번째는 **응애**. 이 벌레는 잎 뒤쪽에 자주 붙는 벌레인데, **잎의 녹색 부분이 하얗게 닳아서** 외관상 좋아 보이지 않아요. 살짝 강한 샤워기 등으로 날려버리거나, 살충제로 없애는 방법을 추천합니다.

응애는 분무기로 없앨 수 있다?

붙어 있는 잎에 물을 뿌려 날려버릴 수는 있지만, 완전히 없애는 건 꽤 어렵답니다. 단, 습도가 높은 환경에서는 응애가 잘 붙지 않으니 습도를 올려서 예방할 수는 있어요.

응애가 붙으면 이렇게 거미줄 같은 실이 생겨서 잎의 색깔이 흐릿하게 보여요.

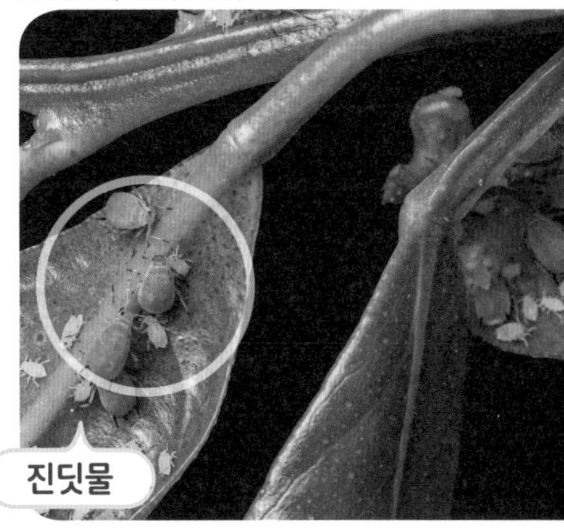

특히 부드러운 새싹에 잘 생겨요.

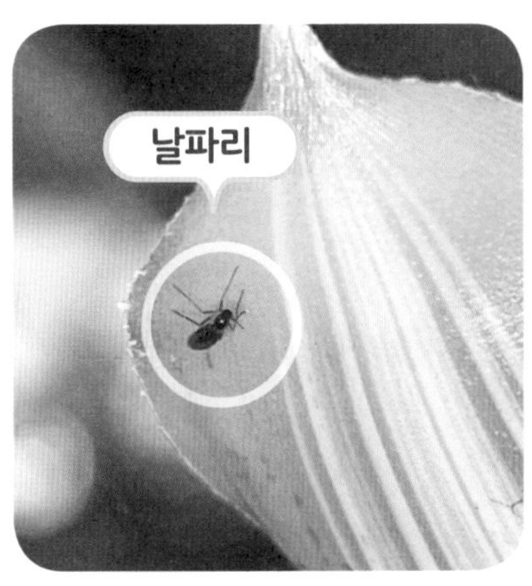

이런 것도 있어요. 식물에 해는 주지 않지만 방을 날아다니면 정말 성가시지요.

줄기와 잎 사이에 숨어 있는 경우가 많답니다. 몇 마리 정도는 핀셋으로 뗄 수 있어요.

살충제 구분해서 사용하기

철벽 수비를 할까, 공격을 할까! 살충제는 사용법에 따라 고르기

식물에 생기는 해충을 없애려면 역시 적절한 약제를 고르는 것이 중요합니다. **약제 종류는 크게 2가지로 나뉘는데, 식물에게 저항 성분을 주는 타입, 그리고 해충에게 직접 유효 성분을 뿌리는 타입**이랍니다.

전자는 **벌레에 효과가 있는 성분을 식물에게 흡수하게 해서** 해충이 수액을 빨아들이면 살충 성분이 체내에 들어가 효과를 발휘합니다. **패키지에 '침투 이행성' 등의 글씨가 적혀 있는 상품**이 여기에 해당하지요. 대표적이면서 널리 알려진 것이 **'오르토란DX'**. 진딧물, 깍지벌레 등에 효과가 있습니다. 단, 냄새가 강해서 실내에 있는 모든 식물에 한꺼번에 뿌리면 쾨쾨하니까 조심하세요.

직접 유효 성분을 뿌리는 타입의 살충제는 핸드 스프레이 타입이 많은데, 식물에 뿌려서 사용합니다. **살충 성분으로 없애는 것과 천연 성분을 물엿 상태로 만들어서 벌레를 덮어 없애는 것**이 있지요. 소위 말하는 농약도 포함되기 때문에 농약을 사용하고 싶지 않은 분은 식품 성분으로 만들어진 것을 사용하면 됩니다!

큰 피해는 없지만, 관엽식물을 기르다 보면 날파리를 만나는 경우도 있습니다. **날파리는 공중에 스프레이 타입 살충제를 뿌리는데,** 지금 쓰고 있는 흙에 유기물이 들어 있지 않은지 확인해보세요. 무기질 흙으로 바꾸기만 해도 그 수가 상당히 줄어들 거예요.

살충제의 총 사용 횟수는?

살충제 뒷면에는 '총 사용 횟수 4번까지'라는 식으로 글이 적혀 있는데, 이 말은 통틀어서 4번만 쓸 수 있다는 뜻이 아니라, 기본적으로는 1년 동안 4번까지 쓸 수 있다는 의미입니다. 식물에 따라서는 간격이 짧은 제품도 있으니 잘 확인하세요.

오르토란DX

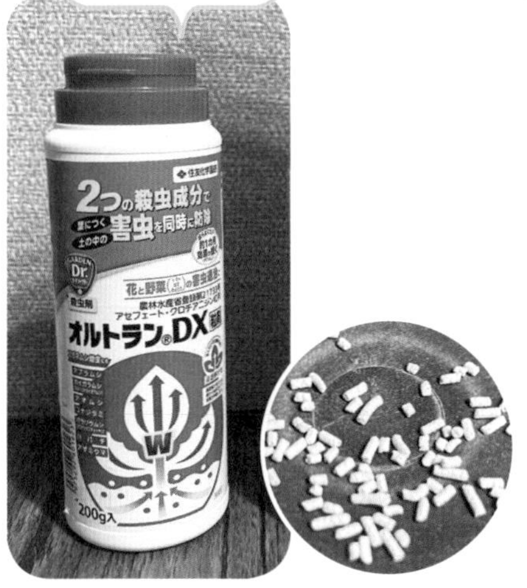

기본 중에 기본인 살충제. 뿌리목 쪽에 뿌리는 타입입니다. 쓸 수 있는 해충이 많아서 만능이지만, 냄새가 조금 쾨쾨해요.

BotaNice 날아다니는 날파리 퇴치 한 번 누르는 스프레이

2주일에 한 번, 날파리 생육 사이클에 맞춰서 분사하면 효과적입니다.

물로 시작하는 간단 뚝딱 바루산

보통 이런 살충제는 식물에 닿으면 시드는데, 파란색 바루산은 식물이 있는 방에서도 사용할 수 있어요!

하나이토시

밀베멕틴이라는 유효 성분이 응애를 없애줍니다. 그리고 분사할 때 약제가 흙에 떨어지면 날파리도 줄일 수 있다는 효과가 확인된 우수한 살충제예요.

봄철 손질과 관리

봄철 관리가 1년의 승패를 좌우한다! 공들여서 정성스럽게 손질하기

봄은 식물들이 1년 중에서 영양이 가장 많이 필요할 때이며, 봄에 얼마나 튼튼히 자라느냐에 따라 한여름, 한겨울을 넘길 수 있는지 정해진다고 해도 좋을 만큼 아주 중요한 시기입니다. 그래서 봄에 신경 쓰고 확인해야 할 식물 관리 3가지 포인트를 말씀드리겠습니다.

첫 번째는 **화분 안에 뿌리가 새로 자랄 공간이 있는지 확인**하는 거예요. 새싹은 나지만 낙엽도 동시에 있을 때는 뿌리가 막히지 않았는지 의심해보세요. 화분에서 식물을 꺼내 바닥 쪽을 확인하고, 뿌리가 빙글빙글 원을 그리고 있다면 분갈이를 추천합니다.

두 번째는 **새싹이 나면 먼저 액체 비료를 주는 것**입니다. 식물들은 추운 겨울이 지나 드디어 새싹을 틔우지요. 겨우내 받았던 손상을 회복시키기 위해 액체비료를 가볍게 뿌려주세요. 처음에는 규정량보다 묽게 해서 주는 걸 추천합니다.

세 번째는 **강해지는 햇빛에 대처하는 것**인데, 봄은 일조 시간이 길어지고 기온도 올라가기 때문에 밖으로 꺼낸 식물을 다시 넣는 걸 깜박하면, 꽤 높은 확률로 잎이 타버리지요. 1년 내내 실내에서 관리하는 경우에는 레이스 커튼으로 차광된 빛을 주면 문제없습니다. **봄은 겨울의 상처에서 회복하고 여름을 나기 위한 준비 기간이니, 정성 들여 돌봐주세요.**

일교차에도 조심하자

따뜻한 봄은 밤이나 새벽엔 아직 쌀쌀한 날도 있어요. 하루 종일 야외에 내놨던 식물을 잊지 말고 안으로 들이세요. 일교차가 큰 환경은 식물에게 정말 혹독하거든요.

새싹이 일어서는 시기에는 비료를

새싹이 나는 타이밍에 비료가 흙에 남아 있지 않으면 좋지 않아요. 잎이 누레지는 원인이 되거든요.

봄에 잎이 떨어질 때도 있다

벤자민 고무나무에 자주 일어나는 일인데, 겨울에 건조 때문에 손상을 입어 봄에 한 차례 잎이 떨어질 때가 있어요. 이럴 때는 새싹도 바로 자라니까 특별히 조치를 취하지 않아도 됩니다.

빛이 닿는 범위에 주의

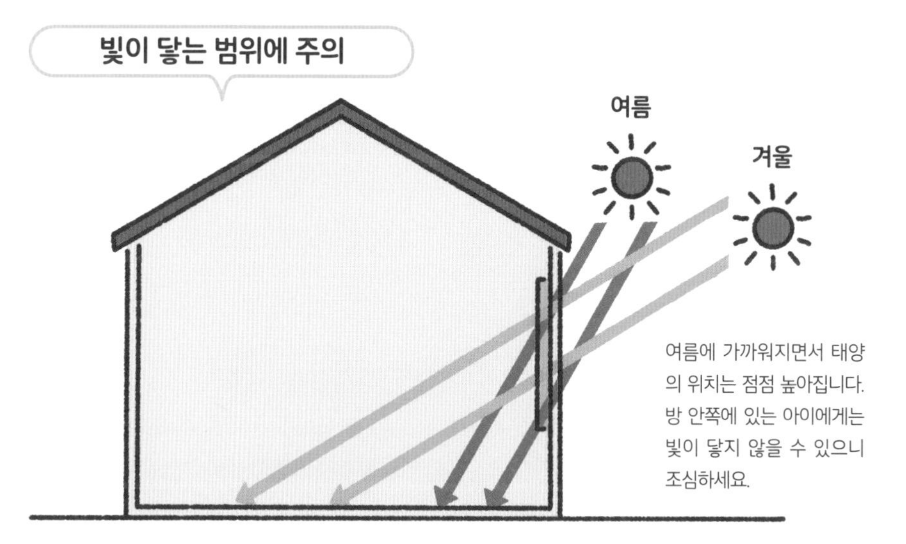

여름에 가까워지면서 태양의 위치는 점점 높아집니다. 방 안쪽에 있는 아이에게는 빛이 닿지 않을 수 있으니 조심하세요.

여름철 손질과 관리

여름은 식물이 가장 활발할 때? 그럴 리가! 더위 먹은 것 같아요

관엽식물은 여름에 쑥쑥 자란다고 생각하기 쉬운데, 사실은 아닙니다. 특히 8월은 낮에 덥고 밤에도 더운 최악의 환경이에요. 왜 '최악'인지 자세히 알아보겠습니다.

식물이 광합성을 한다는 사실은 누구나 알지만, **식물은 산소를 마시고 이산화탄소를 뱉어내는 '호흡'도 한답니다.** 이 호흡량은 온도가 높아질수록 많아지지요. 여름, 밝은 낮이라면 호흡량보다도 광합성을 해서 생기는 영양의 생산량이 더 많지만, 광합성이 안 되는 밤에는 호흡을 통해 저장해둔 영양만 소비합니다. 다시 말해 **여름에는 식물이 쑥쑥 잘 자라는 줄 알았더니, 사실은 평소보다 더 지쳐 있는 게** 사실이에요. **한여름에 분갈이를 하면 안 되는 이유**도 **비료를 주면 안 되는 이유**도, 이렇게 힘껏 버티고 있는 식물들을 생각해서 그러는 것이랍니다.

여름이 오기 전 장마철도 조심하세요. 악천후가 이어지고 햇빛이 부족한 장마철에 식물은 비실비실 **웃자람을 해서 약하게 자라요.** 이렇게 약하게 자란 상태로 장마철보다 더 건조하고 기온이 높은 한여름의 환경으로 들어가게 되면, **더위를 먹은 것처럼 상태가 나빠지기도 합니다.** 그걸 막으려면 미리 비료로 **영양을 확실히 주는 것이 좋아요.**

사실 선인장은 여름을 싫어한다

여름과 너무 잘 어울리는 선인장은 여름에 휴면을 해서 여름을 그대로 보내는 아이들이 많습니다. 이때는 물을 되도록 주지 말아야 합니다. 단, 영향을 주는 건 실온이니까 무조건 '여름이라 물을 주면 안 된다'라고 단정 짓지는 마세요.

식물과 식물 사이에 간격 두기

여름철에는 온도가 높고 습도도 잘 올라가기 때문에 식물 사이의 간격을 조금 넓게 잡거나 서큘레이터 등으로 통풍을 좋게 해주세요.

반나절 만에 화분이 말라버린다면, 아침과 저녁에 각각 물을 주거나, 차광을 해서 빛의 양을 조금 줄이는 방법으로 조정하세요.

여름은 더 자주 물 주기

차광은 반드시 하자

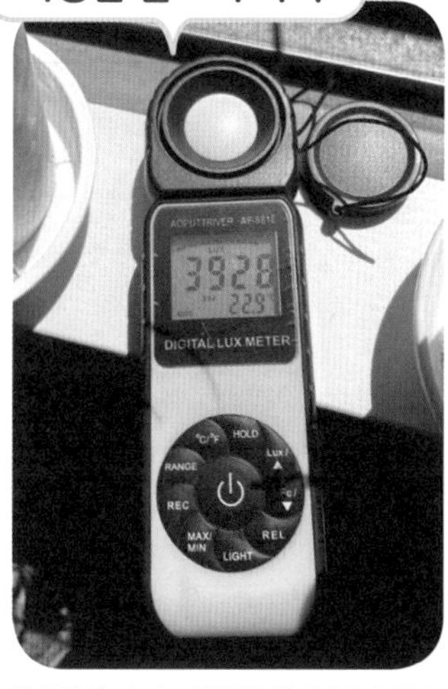

방충망만 가지고 차광을 하면 3.9만 룩스. 불투명 유리+방충망+레이스 커튼으로 하면 4천~1만 룩스 정도가 됩니다. 그러니까 식물이 갑자기 밝은 빛을 받는다는 것은 인간이 4배나 더운 태양 아래로 나가는 것이나 마찬가지예요.

여름휴가 때 여행을 간다면…

물이 금방 말라 빨리 시들 것 같은 아이는 화분 받침에 물을 살짝 채워두면 그냥 놔 둘 수 있어요. 자동 급수 아이템도 효과적이랍니다.

가을철 손질과 관리

겨울을 맞이하는 최종 준비 기간 비료를 듬뿍 주고 귀여워하라!

식물에게 **가을은 봄 다음으로 지내기 쉬운 계절**이기도 합니다. 특히 8월 후반부터 10월 후반까지는 기온이 최적의 상태랍니다. 바로 비료가 나설 때입니다! 이 **가을의 비료가 정말 중요**한데, 가을에 방을 춥게 두는 분일수록 신경을 써야 하는 부분이겠지요. 식물은 추워지면 영양을 흡수하지 못하기 때문에 겨울에는 그때까지 저장해 뒀던 영양으로 어떻게든 살아남을 수밖에 없어요. 그래서 되도록 건강한 상태로 겨울에 들어가야지, 그렇지 않으면 중간에 약해져버립니다.

어떤 비료가 좋은가 하면, **칼륨에 특화된 비료를 추천**합니다. **칼륨에는 식물의 생리 기능을 높이는 효과가 있어서** 온도 변화에 견디는 튼튼한 아이들로 만들어줄 겁니다. 게다가 고형 비료가 아니라 **지속성이 없는 액체 비료로 주는 것**도 중요하지요. 액체 비료는 효과 기간이 매우 짧기 때문에 효과를 조절하기가 쉽답니다. 그리고 액체 비료는 물의 분량을 많이 해 농도를 묽게 하면 겨울에 들어간 후에도 줄 수가 있어요. 이러한 특징에 맞는 비료로는 39쪽에서 소개한 하이포넥스 미분이 해당합니다.

비료를 주면서 동시에 물 주는 것도 관리해야 돼요. **물 주는 간격을 조금씩 늘여서 겨울의 건조한 상태에 뿌리가 익숙해지도록** 하는 것이 목적이지요.

물 주는 간격은 조금씩 조정하기

사람마다 물을 주는 기준이 있을 테지만, 가을은 실온이 떨어질 때마다 하루씩 더하거나 해서 조금씩 물 주는 간격을 늘이세요. 내일부터 1주일 동안 물 안 주기! 이런 식으로 극단적인 관리는 식물에 부담을 준답니다.

가지치기도 안 하고 싶어요

가을은 아무튼 에너지를 보존하는 시기예요. 가지치기 등은 하지 않습니다. 상처 부위를 덮는 데도 체력이 들거든요.

비 오는 날은 물을 주지 않아도

가을에서 겨울로 넘어가면서 점점 추워지면 수분이 자연적으로 건조되기가 어려워져 식물이 물을 흡수하는 속도도 떨어져요. 특히 비 오는 날은 어둡고 추워서 식물이 거의 활동하지 않으니 물은 주지 않아도 됩니다.

밤에는 되도록 물을 뿌리지 말자

밤이 되면 기온이 확 떨어지는 초가을에는 밤에 물을 뿌리면 마르지 않고 그대로 남아 잎을 상하게 만드는 원인이 되어버려요.

10월 상반기가 마지막 기회!

화분 바닥에서 뿌리가 보이기에 분갈이를 해야겠다고 생각은 했는데 계속 뒤로 미루다 보니 겨울이 코앞으로 다가왔다는 분들이 상당히 많습니다. 10월 상반기가 분갈이의 마지막 기회, 데드라인이에요. 이 시기에 분갈이를 할 때는 뿌리의 흙덩어리를 망가뜨리지 말고 화분 바닥으로 튀어나온 뿌리가 보이지 않을 정도로만 해주세요.

겨울철 손질과 관리 ①

골치 아픈 겨울의 물 주기 양은 그대로, 주기는 날씨따라

추위를 싫어하는 관엽식물들에게 **기온이 떨어지는 겨울은 특히 조심해야 할 시기**입니다. 잘못 관리했다가 상태가 나빠지면 원래대로 돌아가기가 힘드니 주의하세요.

겨울 관리를 할 때 무엇보다 **어려운 것이 물 주기입니다.** 양은 평소대로 줘도 되지만, 빈도를 어떻게 해야 할지 정말 고민이 되거든요.

양은 평소대로 줘도 괜찮습니다. 반대로 흙 표면에만 물을 뿌리고 끝내면 안 된답니다. 그런데 실제로는 흙이 마르지 않을 것 같아서 물의 양을 줄이는 분들이 적지 않아요. 흙이 마를 것 같지 않다면 봄부터 가을 사이에 화분 사이즈를 작게 줄여 놓으면 좋습니다.

물을 주는 간격은 평소보다 길게 잡아도 괜찮습니다. 특히 일기 예보에서 **비가 오거나 흐린 날이 이어질 때는 물 주기를 자제하고 맑은 날까지 버티게 하면** 좋습니다. 날씨가 좋지 않은 날의 밤은 쌀쌀하니까 더 조심해야 합니다. 특히 낮에 일광욕을 시킨 후에는 더 신경을 써야 하지요. **실내에서도 창가 주변은 온도가 떨어져서** 바닥에 놓은 식물은 화분 속까지 냉기가 돌기 때문에 **창문과 바닥에서 떨어뜨려야** 합니다. 냉기를 차단하기에는 스티로폼이 매우 효과적입니다. 저렴하고 손쉽게 보온할 수 있는 재료지요.

봄여름 모두 밖에서 관리했던 화분은

최저 기온이 15℃ 아래로 떨어지기 전에 실내로 들여놓는 걸 추천합니다. 식물이 약해진 다음에는 어려우니 아직 건강할 때 실내 환경에 적응시켜야 해요.

방을 환기하고 싶다면

겨울에도 방의 창문을 열어두고 싶은 분들은 식물을 창가에 두지 않아야 안심할 수 있답니다. 차가운 공기에 계속 닿으면 식물도 컨디션이 나빠지거든요.

난방할 땐 건조에 주의

난방 시에는 건조에 주의하세요. 겨울철 건조한 공기 속에서 온도를 높이면 더 건조해져요. 가습기 등을 같이 쓰는 것이 좋습니다.

겨울에는 선반 위에 놓는 것이 좋아요

따뜻한 공기는 위로 올라가기 때문에 화분을 살짝 높은 선반 위에 올려두면 좋아요. 바닥에 놓는 건 추천할 수 없네요.

물뿌리개 & 분무기는 따뜻한 날에

특히 밤에 물을 주는 분들은 주의가 필요합니다. 식물이 차가워지기 때문에 되도록 따뜻한 날을 골라서 돌봐주세요.

겨울철 손질과 관리 ②

최저 기온이 15℃ 이상인 따뜻한 실내에 둔다면 비료도 필수

겨울을 날 때 주의할 점은 아직 더 있습니다. 식물에 따라 비료를 어떻게 줘야 할지 달라지거든요.

원예 책에는 대부분 '겨울에는 비료를 주지 않습니다'라고 적혀 있는데, 이건 추운 환경에 있는 식물에만 해당합니다. 식물은 일조 시간과 온도를 느끼는 센서를 갖고 있어서 빛이 많이 들어오는 따뜻한 환경에 있으면 성장을 시작하는 시스템을 갖추고 있습니다. 그러니까 **밖이 매우 춥다고 해도 식물이 놓여 있는 방이 따뜻하면 식물은 마치 봄처럼 성장**하지요. 이때 **비료가 다 떨어졌다면 컨디션이 나빠질 수 있답니다.**

식물마다 성장 스위치가 들어가는 온도는 살짝 다른데, 경험상 **최저 기온이 15℃ 아래로 떨어지지 않는 것이 중요**합니다. 만약 실온이 15℃ 아래로 떨어지면 식물은 성장을 멈추고 견디기 체제에 들어갑니다. 이때는 비료를 흡수할 수 없으니 **액체 비료는 주지 말고, 고형 비료가 남아 있는 경우에는 치워주세요.**

통풍도 주의가 필요합니다. **겨울에 환기를 하면 방의 온도나 습도가 급격히 변해서 식물에 부담을 줍니다.** 서큘레이터 등을 써서 인공적으로 바람을 통하게 하는 편이 흙도 잘 마르고 관리하기 쉬운데, 없을 때는 **맑고 따뜻한 낮에 환기를 해서** 부담을 줄여주세요.

창문을 열고 환기할 때도 주의하세요

냉방뿐 아니라 난방의 바람도 좋지 않아요

난방기의 바람이 잎을 계속 살랑살랑 흔들리게 하면 식물은 상당한 스트레스를 받습니다. 시들 정도는 아니지만, 관리하기가 어려워지니 바람이 항상 닿는 곳에는 두지 않는 게 좋겠지요.

에버프레쉬나 움벨라타 고무나무는 겨울에 잎이 떨어져도 봄이 되면 다시 성장할 정도로 강한 아이예요.

서큘레이터를 같이 쓰면 난방 효율도 좋아져서 설정 온도가 살짝 낮아도 따뜻하게 느낄 수 있어요. 바람은 난방기 쪽이나 바로 위를 향하도록 하세요.

마오리 소포라는 관엽식물 치고 추위에 상당히 강합니다. 지역에 따라서는 야외에서 겨울을 날 수 있을 정도로 튼튼해요.

기온이 매우 낮을 때는 휴면을 취하는 친숙한 식물로는 산세비에리아가 있답니다. 보기에는 크게 변화가 없어서 알기 어려운데, 정말 추운 시기에는 물을 전혀 주지 않습니다. 단, 요즘은 집안이 따뜻하니까 휴면하지 않는 아이도 늘고 있다고 해요.

column 3

관엽식물 애호가라면 누구나 공감한다?
관엽식물 기르며 겪는 일 6가지

드라마 배경으로 나오는 식물이 궁금하다

아, 이 식물 갖고 싶다.
주인공 방에 식물이 많네!
이러면서 궁금해해요.

식물이 걱정돼서 멀리 못 나간다

2주 동안 해외여행은
꿈도 못 꿔요.

옷 가게에 장식용으로 놓인 식물에 힘이 없으면 조언을 하고 싶어진다

'저기요, 이거 분갈이 안 한 지 몇천 년 된 거 아니에요?'
하고 마음속으로 외치고 있어요.

식물의 잎을 잘못해서 찢어버렸을 때, 식물보다 내가 더 아프다

특히 새싹일수록 더 마음이 아파요.
아아아아, 미안해….

화분을 사러 갈 때마다 식물을 사버려서 화분이 늘 부족하다

왜 매번 내 취향을 저격하는
식물이 놓여 있는 거죠?
주인이 천재인가?

가지치기를 한 식물의 가지를 버리지 못하고 무한대로 쌓아둔다

잘라낸 가지가
불쌍하잖아요….

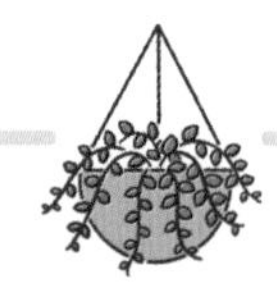

CHAPTER 4

원예 점원
스킬 공개!

트러블
슈팅

Q 잎이 노래지기 시작했어요. 자르는 게 좋을까요?
A 노래진 잎은 자르지 마세요!

잎이 노래지면 바로 잘라버리는 분들이 많은데, 식물도 사정이 있어서 잎의 엽록소를 분해한다는 사실을 이해해 주세요.

잎이 노래지면 안 좋다는 이미지가 있는데, **노랗게 변하는 이유는 가을의 '단풍'과 같아요.** 단풍은 낙엽수가 겨울 환경을 헤쳐나가기 위해 영양을 조절해서 줄기를 살리는 특수한 구조를 가졌어요. 관엽식물의 잎이 노래졌을 때도 **'노란색=자른다'가 아니라 왜 노래졌는지 생각하는 게** 포인트입니다.

제 경험상, **잎이 노래지는 원인 3가지는 비료 부족**(특히 겨울에서 봄으로 가는 시기), 잎에 **빛이 닿지 않아서,** 그리고 **너무 추워서**입니다. 잎을 자르기보다는 영양을 주고 햇빛을 듬뿍 받게 하고 따뜻하게 하는 것이 중요해요.

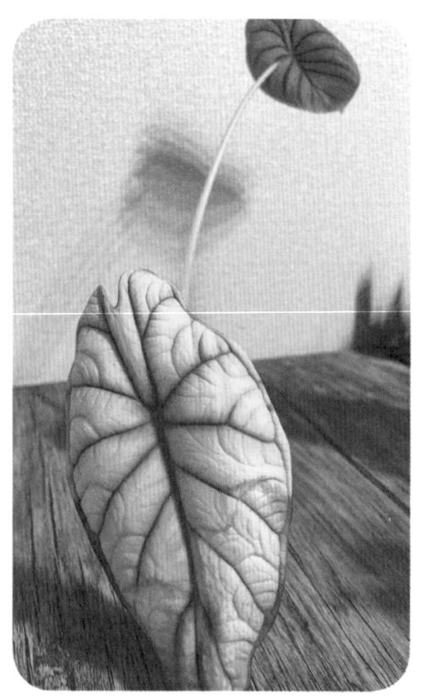

이 알로카시아의 노란색 잎은 아직 자르지 않고 남겨뒀어요. 조금 더 축 늘어지면 자르려고요.

움벨라타 고무나무처럼 자르지 않아도 알아서 잎을 뚝 떨어뜨리는 아이도 있어요. 이 타입은 가위를 쓰면 괜히 수액이 떨어질 수 있으니 주의하세요.

Q 잎이 갑자기 쪼그라들면서 시들기 시작했어요
A 뿌리가 상했을 테니 분갈이를 추천

갑자기 **잎이 심하게 상했다는 건 뿌리에 이상이 생겼다는 신호**입니다. 아래 사진과 같은 증상이 보이는 식물을 분갈이해보면, 꼭 뿌리가 썩어 있더라고요. **뿌리가 썩는 이유는 물이 잘 안 빠져서** 인데요, 특히 진흙에 가까운 상태의 흙은 속까지 마르지 않고 공기도 없어서 뿌리에 매우 가혹한 환경이랍니다.

실온을 15℃ 이상으로 유지할 수 있다면, 꼭 흙을 갈아주세요. 뿌리가 상했다는 것을 확인했다면, **갈색으로 상한 뿌리는 떼어내고 원래 있던 화분보다 살짝 작은 화분에 다시 심으면** 대부분 다시 살아나서 잎도 더 이상 상하지 않을 거예요. 겨울에 뿌리가 상했다면 최대한 식물을 따뜻하게 해서 어떻게든 겨울을 보내거나, 난방을 계속 틀어 실온을 15℃ 이상으로 유지해서 분갈이를 하거나, 둘 중 하나를 선택해야 합니다.

잎의 옆구리 쪽이 쪼그라져 말라버린 스트로만데 생귄 '트리오스타'. 뿌리가 완전히 썩어 있더라고요.

왼쪽에 보이는 흰 뿌리만 유일하게 살아남았어요. 오른쪽의 갈색 뿌리는 썩은 뿌리예요.

트러블 3

Q 잎이 작아진 것 같아요
A 바람 때문에 스트레스를 받고 있을지도

식물은 **외부 자극을 받으면 방어 체제를 취하도록** 되어 있습니다. 알기 쉽게 말하자면, **잎과 줄기의 성장이 억제되는 거지요.** 실내에서는 특히 에어컨 부근에 둔 식물이 그렇게 될 위험성이 높으니 주의해야 합니다.

잎이 흔들릴 정도의 바람을 장시간 쐰 식물은 잎이 눈에 띄게 작아집니다. 식물 입장에서는 '바람이 세서 싹을 틔우면 상할 것 같은데!'라며 걱정하는 거예요.

그런 상태에서 잎을 크게 키우려면 스트레스의 원인을 없애야 합니다. 그러니까 **에어컨 바람이 닿지 않는 장소로 옮기고 비료를 잘 챙겨주면** 됩니다. 스트레스를 받은 식물은 양분을 소비해서 허기가 진 상태입니다. 일단 액체 비료로 빠르게 회복을 시켜주세요.

먼저 난 아래의 잎보다 새로 돋은 위의 잎이 작네요. 비료를 주고 빛도 듬뿍 받게 하면 잎이 점점 크게 자랄 테니 걱정 마세요.

Q 잎이 자꾸 떨어져요!
A 건조 주의! 겨울에는 가습기를 써도 좋아요

특히 잎이 줄줄이 **떨어지기 쉬운 게 벤자민 고무나무와 에버프레쉬**입니다. 겨울에 추운 장소나 심하게 건조한 환경에 놓여 있으면 말 그대로 줄줄이 잎이 떨어져요.

건조한 공간에 있는 식물은 잎에서 수분을 증발시키는 증산이 너무 강해지기 때문에 줄기에서 수분이 점점 없어지지요. 그런 상황에서 식물은 자신을 지키려면 잎을 줄일 수밖에 없답니다. 그래서 **가습기를 트는 등 공기가 건조해지지 않도록 하는 것**이 중요합니다. 물론 **흙의 수분량도 주의를 기울이세요.**

에버프레쉬는 겨울에 잎이 떨어지기 때문에 추위에 약하다는 이미지가 있는데, 사실 물 주는 간격을 너무 늘렸거나 **주는 물의 양을 줄인 것**이 원인이에요. 물 주는 빈도는 줄이더라도 물의 양만큼은 줄이지 않도록 신경 쓰세요.

잘 관찰해보면 잎이 떨어지는 모습에도 차이점이 보일 거예요. 잎이 떨어졌을 때는 흙의 상태나 실온 등을 꼼꼼히 확인하세요.

마오리 소포라는 응애 피해가 나온 후에 잎이 줄줄 떨어진다고 느낄 때가 많아요. 하지만 괜찮습니다! 잘 돌보면 잎도 한꺼번에 다시 날 수 있어요.

Q 잎끝 부분이 축 늘어지는데요
A 물이 부족하니, 바로 물을 주세요!

잎 끝 부분이 축 늘어질 때가 있는데, 그때 **흙이 말라 있다면 원인은 물 부족**입니다. 겉보기에는 흙이 축축해 보인다 해도, 식물 입장에서는 자신의 잎을 정상적으로 유지하기 위해 필요한 물의 양을 흙에서 확보할 수 없는 상태인 거지요.

또 하나, **물이 부족한지 아닌지 확인하는 포인트**가 있습니다. 바로 **낙엽은 없다는 것**. 물이 부족하면 대부분 축 늘어져 아래를 향하는 새싹만 있고 끝이에요. 이런 상태에는 **물만 빨리 주면 잎은 간단히 부활**합니다. 반나절 정도 화분 받침에 물을 채워 놓고 뿌리가 물을 확실히 흡수할 수 있게 해주면 효과적이에요.

한편 잎끝 부분이 축 처져 있는 걸 발견했을 때, **흙이 축축하게 젖어 있다면 뿌리가 썩었을 가능성이 큽니다.** 이럴 때는 분갈이를 해주세요.

잎이 축 늘어지면 티가 확 나는 것이 용비늘고사리입니다. 물이 부족할 때는 이런 모습이에요.

물을 잘 흡수하면 바로 원래처럼 싱싱한 모습으로 돌아가요.

Q 분갈이를 했더니 왠지 시들해졌어요
A 원래 놔뒀던 곳보다 어두운 곳으로~

분갈이를 한 후, 특히 **뿌리의 흙을 털어낸 경우에는 식물을 어디에 놓을지 매우 주의해서 골라야 합니다.**

식물은 분갈이를 하면 그때까지 어디서 물을 흡수했는지 기억하지 못해서 일시적으로 물을 마시지 못해요. 이 상태에서 햇볕이 쨍쨍 내리쬐고 바람이 쌩쌩 지나는 곳에 두면 증산 작용 때문에 잎에서 수분이 빠져나가고, 그렇게 되면 슬프게도 시들시들해지는 결말을 피할 수 없어요. 뿌리와 흙덩어리를 망가뜨리지 않고 분갈이를 한 경우에는 아무데나 둬도 상관없지만, 흙덩어리를 털어서 뿌리를 풀어낸 경우에는 주의, 또 주의가 필요합니다.

분갈이를 한 후에 **식물이 왠지 시들시들하다면 물을 칙칙 뿌리고 빛에서 멀리 떨어뜨려 쉬게 해주세요.** 조치가 빠를수록 금방 예전으로 돌아올 거예요.

물이 부족할 때 시들시들한 모습과 비슷해요. 빨리 조치를 취하세요.

뿌리를 줄여서 분갈이를 했을 때는 지상부도 가지치기를 해서 똑같이 잎을 줄여주면 더 안전해요.

Q 봄이 됐는데 새싹이 돋질 않아요
A 온도와 빛이 부족한 것 같네요

식물은 **자신이 불리한 환경에서는 성장하지 않는 구조**를 갖췄어요. 일단 뿌리를 내리면 붙박이가 되는 식물들에게 최대한 살기 좋은 환경에서 성장한다는 것은 자연계에서 매우 중요한 일이기 때문이지요.

따라서 식물에서 **새싹이 전혀 돋아나지 않는 경우, 우선 실내 온도를 확인**해보세요. 오늘은 최저 기온이 20℃였지만 내일은 13℃가 될 것 같은 그런 불안정한 시기에는 식물이 성장하지 않습니다. 대부분의 식물은 **최저 기온이 18℃를 꾸준히 넘는 시기부터 성장을 시작해요.**

적정 온도가 되면 **빛을 부족함 없이 받고 있는지**도 확인해보세요. 이 2가지만 제대로 되어 있다면 분명히 싹을 틔워줄 거예요.

겨울에 산 고무나무. 반년이 지났는데 아직 움직임이 없어요. 하지만 물을 잘 흡수해서 흙이 말라 있는 모습을 보면 빛을 충분히 모아서 싹을 만들겠다는 느낌이 전해져요.

Q 드디어 새싹이 돋았는데 너무 작아서 슬퍼요
A 비료예요! 비료가 부족합니다!

겨울을 무사히 보내고 드디어 봄! 새싹이 고개를 내민 줄 알았더니… 쪼끄마한 잎들만 돋아나는 경우가 있지요? **비료가 부족**하기 때문이에요. '온도 좋고! 빛 좋고! 자, 가 보자!' 이렇게 한껏 의욕은 넘쳤는데 배가 고파서 힘을 내지 못했다는 증거예요. 먼저 **액체 비료를 가볍게 줘서** 싹을 틔울 시동을 걸게 하세요.

단, **예외도 있습니다. 스킨답서스처럼 덩굴이 자라는 아이들**이지요. 이 아이들은 다른 식물을 휘감으며 자라는 등반성 덩굴식물인데, **줄기가 축 늘어지는 상태에서는 줄기만 쑥쑥 자라고 잎은 작아지는** 성질이 있답니다. 휘감을 수 있는 다른 식물을 찾을 때까지는 몸을 가볍게 해서 뻗어나가는 방향으로 쑥 자라는 거예요. 이런 식물은 나무고사리 목부작 등의 **지지대를 써서 자리를 잡아주기도 합니다.**

쭉 뻗은 끝 쪽 잎(왼쪽)은 뿌리 부근에 있는 잎(오른쪽)과 비교해도 이렇게 크기가 달라요!

왼쪽 사진의 식물과 위 사진의 식물은 생김새가 다르지만, 둘 다 잎이 늘어지니까 새싹이 작아졌어요.

Q 잎 색깔이 연해서 왠지 약해 보여요
A 비료가 부족해서 나타나는 증상일수도…

특히 **아래쪽 잎의 색깔이 연해지기 시작했다면 비료가 부족**하다는 신호라고 봐도 좋습니다.

영양이 부족할 때, 식물은 자신의 잎에 있는 영양을 필요한 곳으로 보내는 경우가 있어요. 그 영양은 주로 새싹을 성장시키는 데 활용합니다. '쑥쑥 크고 싶은데 영양이 없어!' 이럴 때 영양으로 다시 태어나는 것이 뿌리와 가까운 오래된 잎이에요.

영양이 부족한 상태로 내버려두면, 이 증상은 점점 그루 전체로 퍼져요. **잔뜩 허기지고 약해진 식물은 병해충의 표적이 됐을 때나 급한 환경 변화가 있었을 때 버텨내지 못합니다.** 빠른 조치가 필요해요. '그러고 보니 비료를 안 줬네!'라는 분들은 잎의 색이 연해지기 전에 비료를 어떻게 주고 있는지 돌아보세요. 이럴 때는 **바로 효과가 나타나는 비료가 최고예요. 액체 비료 타입**이 쓰기 편하답니다!

흙을 쓰지 않는 수경재배, 하이드로 컬처로 기른 몬스테라. 비료를 한 번도 주지 않아서 잎 색깔이 연해졌어요.

트러블 10

Q 잎 모양이 왠지 이상해요. 원래 모양이 안 나와요
A 환경 변화나 유전에 따라 달라질 때도

식물은 잎의 모양이 정말 다양합니다. 그 특징을 뭉뚱그려 말하자면, **햇빛이 강한 지역에 사는 식물일수록 잎이 작고 두껍습니다.** 예를 들어, 선인장은 뜨겁게 내리쬐는 햇빛 아래에서도 수분을 체내에 저장할 수 있도록 잎의 크기를 최대한 줄였어요. 다른 나무에 착생해서 살아가는 난초 등은 잎과 뿌리가 두껍지요.

이런 성질의 변화는 실내에서도 일어납니다. 식물을 기른 생산자의 환경과 자택의 환경에는 상당한 차이가 있기 때문에 **새로 싹튼 잎을 원래 있던 잎의 모양과 전부 다 똑같이 맞추기란 상당히 어렵지요.** 그리고 **유전에 따라 잎의 모양이 크게 달라지는 일**도 있습니다. 아조변이, 격세유전 등으로 불리는 현상인데, 현재 대처법은 **모양이 변한 잎을 잘라내는 것** 정도밖에는 없는 것 같네요.

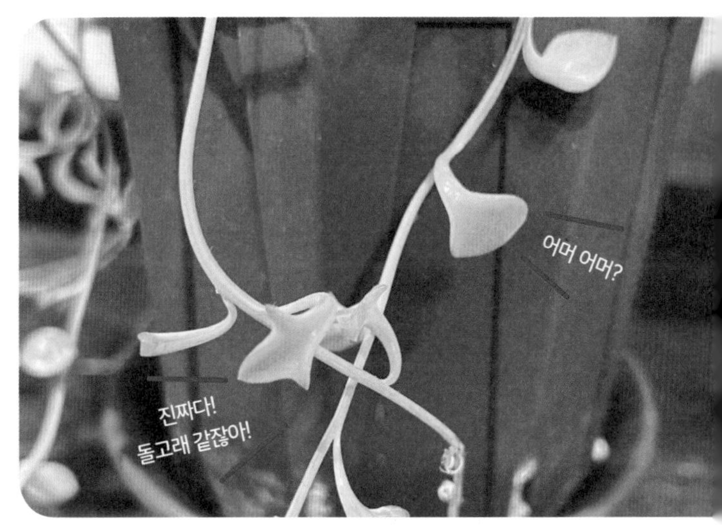

다육식물인 돌고래 다육의 잎은 이름 그대로 처음에는 돌고래를 위에서 내려다본 듯한 모양을 띠는데, 지금은 흔적이 전혀 없어요. 경험으로 봤을 때, 일조량이 적어서 그런 듯하니 빛이 잘 들도록 환경을 다시 살펴볼 필요가 있겠어요.

Q 줄기가 비실비실 자라는데요
A 원래 있던 곳보다 밝은 곳으로 데려가세요

'실내'라는 환경은 인간의 생각보다도 더 식물에게 어두운 경우가 많습니다. **어두운 곳에 있는 식물은 더 밝은 곳까지 빨리 뻗어가려는 마음에 줄기를 가늘게 해서 비실비실하게 자라기도 해요.** 이게 바로 웃자람 현상입니다. 식물이 원하는 빛의 양이 충족되면 원래의 모습으로 성장해줄 거예요.

그렇다고 해서 태양에게 '이쪽을 좀 더 비춰주시죠?'라고 부탁할 수도 없는 노릇이니… 그래서 **스트레스**가 효과적이에요. '스트레스'라는 말은 나쁜 이미지로 들리는데, '시합 전에 느끼는 긴장감'은 자신을 성장시켜줄 것만 같은 분위기가 있잖아요. 식물에게 주고 싶은 게 바로 그 긴장감입니다. 가벼운 스트레스를 주는 방법에는 2가지가 있어요. **화분을 빙글 돌려서 빛이 닿는 방향을 바꾸는 것, 그리고 통풍을 좋게 하는 것**이에요.

산세비에리아의 잎이 중간에 이상한 모습으로 불쑥 자라나 있는데, 이것이 웃자람입니다.

다육식물 등은 강한 빛을 원하기 때문에 실내에서는 너무 잘 자라버립니다.

Q 줄기가 잘 자라지 않아서 고민이에요
A 메인 줄기가 잘려 있지 않나요?

나무처럼 생긴 아이는 가장 굵은 가지인 메인 줄기에 가장 많은 잎이 달리도록 성장합니다. 이 메인 줄기가 있는 동안에 나무는 점점 위로 성장을 하지만, **메인 줄기가 상처를 입었거나 꺾였을 경우에는 성장이 멈춥니다.** 식물은 대부분 이런 특징을 갖고 있기 때문에, 가게에서 식물을 살 때 위로 자라는 아이인지 그렇지 않은지 판단할 수가 있어요. '식물을 크게 기르고 싶다!'라는 분들은 꼭 메인 줄기의 꼭대기를 확인하세요.

물론 성장을 아예 안 하는 것은 아니고, 메인 줄기가 잘려 있으면 **그 대신 두 번째로 높은 위치에 있는 곁눈이 위로 성장**하기 시작합니다. 그래도 전체적인 모양이 달라지므로 **꼭 메인 줄기를 기르고 싶다면 꺾꽂이를 해서 다시 다듬을** 필요가 있답니다.

특히 파키라의 줄기가 자라지 않아 고민하는 분들이 많아요. 그냥 놔두면 이대로 곁눈만 쑥쑥 자라버려요.

오랫동안 성장을 하다 보면 이런 식으로 메인 줄기가 눈에 띄지 않기도 해요.

트러블 13

Q 옆으로 풍성하게 퍼지게 하고 싶은데 위로만 자라요
A 정아(끝눈)를 가지치기하세요!

식물은 다른 식물보다 높은 위치에서 잎을 펼치지 않으면 생존 경쟁에서 집니다. 그래서 식물에는 **곁눈의 성장을 멈추고 가장 높은 곳에 있는 싹에 우선적으로 영양을 보내는 '정아 우세'라는 구조**가 있지요.

이 **정아 우세는 정아를 잃었거나, 정아의 위치가 낮아졌을 때 해제**됩니다. 장미가 담장을 따라 옆으로 한가득 핀 모습을 본 적이 있나요? 이게 바로 정아 우세를 이용해서 꾸민 좋은 예랍니다. 가지를 휘게 해서 땅과 수평하게 만들어 담장을 따라가도록 해놓으면 정아의 높이가 다른 잎들과 맞춰지기 때문에 모든 줄기가 한꺼번에 성장을 하도록 만든 거예요. 그렇게 하지 않으면 장미는 줄기 끝에만 꽃을 피우거든요. 이 성질을 이용해서 관엽식물도 **정아의 위치를 낮춰서 곁눈의 성장을 촉진할 수가 있어요.**

이 고무나무는 가지를 휙 꺾은 꼭대기 부분부터 성장한 거예요.

Q 가지에 거미줄 같은 게 생겼는데…
A 응애가 늘어났을 가능성이 높아요

나무의 가지나 잎에 **거미줄 같은 실이 생겼거나, 잎에 하얗게 긁힌 얼룩 모양**이 보인다면 **응애**를 의심해보세요. 응애는 거미와 친구라 거미처럼 줄을 뿜어내고 알을 낳아 번식합니다. 물론 응애로 식물이 시들지는 않지만 미관상 좋지 않은데다 성장을 멈추는 경우가 많아요. 또한 응애는 번식 속도가 빨라서 일찍 처리하지 않으면 손을 쓸 수가 없게 될 테니 발견한 즉시 없애야 합니다.

응애는 물에 약하기 때문에 샤워기로 날리고, 거기에 살충제를 뿌리는 방법을 추천합니다. 평소에 관리할 때는 **분무기로 물을 뿌려서 습도를 높게 해주면** 벌레가 잘 생기지 않는 상태가 유지될 거예요.

대만고무나무에 응애가 생긴 모습. 거미줄 같은 것은 보이지 않지만, 잎이 하얗게 얼룩지기 시작했다면 주의하세요.

Q 뿌리가 썩은 것 같아요. 왜 그럴까요?
A 흙 상태가 나빠졌네요. 분갈이를 하세요

식물이 죽는 이유로 뿌리가 썩는 것이 가장 많지만, 이것은 '죽은 이유'지 '원인'이 아닙니다. **뿌리가 썩는 원인에는 흙의 열화**가 크게 영향을 줍니다.

자연계에서는 벌레나 미생물이 활동하기 때문에 흙은 항상 폭신폭신하게 재생이 되지요. 하지만 먹이가 부족한 실내의 화분 속에서는 벌레가 활동하기 어렵기 때문에 **흙을 한 번 넣어주면 그 후로는 계속 기능이 떨어진다고** 보면 됩니다. 흙은 기능이 떨어지면 잘게 부스러져서 물이 빠져나갈 틈을 전부 막아버립니다. 틈이 없는 흙은 물을 많이 머금어서 점토처럼 되기 때문에 뿌리가 정상적으로 자랄 수가 없습니다. **흙이 잘 마르지 않는다 싶으면 분갈이를 해서 새 흙으로 바꿔**줘야 합니다. 새 흙에서는 뿌리도 잘 내리고 튼튼하게 자랄 거예요.

뿌리가 썩기 시작했을 때 흙은 점토처럼 모양을 유지하기가 어려워져요. 특히 사진의 적옥토는 물을 머금으면 아주 잘 부서지는 성질이 있으니까 정기적으로 흙을 바꿔줘야 합니다.

적옥토가 무너지면서 흙 알갱이가 부서져서 틈을 전부 다 막아버렸어요.

Q 공기뿌리만 쑥쑥 자라요
A 공기뿌리는 그대로 흙에 꽂으세요

식물 중에는 지상부에 있는 줄기에서 뿌리 같은 것이 자라는 아이들이 있어요. 이렇게 **공기 중으로 드러나는 뿌리가 바로 공기뿌리**입니다.

식물은 자신을 지탱해주거나 새로 물을 찾을 때 공기뿌리를 내린다고 합니다. 그러니까 유난히 **공기뿌리가 난다 싶을 때는 흙 속에 뿌리를 새로 내릴 공간이 없어졌다는** 뜻이랍니다. 한편, 뿌리가 막혀 있지 않는데도 **공기뿌리를 잘 내리는 몬스테라** 같은 식물도 있지요.

공기뿌리는 수분에 닿으면 물을 흡수하기 위해 새로 뿌리가 납니다. 그러니까 공기뿌리가 자랐을 때는 **아래쪽으로 유도해서 흙에 꽂아 주는 방법**을 추천합니다. 사실 공기뿌리를 가진 식물은 공기뿌리가 무언가에 잡히면 잎이 커지는 특징이 있으니, 공기뿌리도 꼭 같이 길러 보세요.

공기뿌리를 흙에 닿게 해서 수분을 주면 뿌리가 나오는데, 그다음부터 나오는 잎은 크기가 매우 커져요.

몬스테라는 무언가를 붙잡고 싶어서 공기뿌리를 서서히 자라게 해요. 습도가 높은 방향으로 뻗어가도록 되어 있거든요.

트러블 17

Q 흙 위에 벌레가 꿈틀거리는데요
A 뿌리가 썩었다는 걸 알려주는 톡토기일지도

뿌리가 썩기 시작한 식물의 흙을 뒤집어 보면, **밥알보다 작은 벌레**가 보일 때가 있습니다. 그 벌레가 바로 **톡토기**예요. 이 벌레는 흙 속의 썩은 유기물 같은 먹이를 목적으로 찾아와서 번식합니다. 그러니까 **벌레가 늘어났다는 것은 뿌리가 썩었다**고 추측할 수 있는 것이지요. 박멸이 목적이라면 **시중에 파는 살충 스프레이**가 잘 들지만, 나타난 이유를 생각해 보면 **분갈이를 해서 뿌리가 썩는 것을 막는 것이** 좋겠지요.

톡토기는 박쥐란을 심은 물이끼에도 붙는 경우가 있는데, 뿌리가 썩지 않았더라도 유기물이 있으면 번식하기 쉬워진답니다. 자연계에서는 익충으로 마른 나무나 잎의 분해자 역할을 맡고 있어 특별히 해를 끼치지 않는 곤충이지만, 벌레를 싫어하는 사람 입장에서는 정말 싫지요.

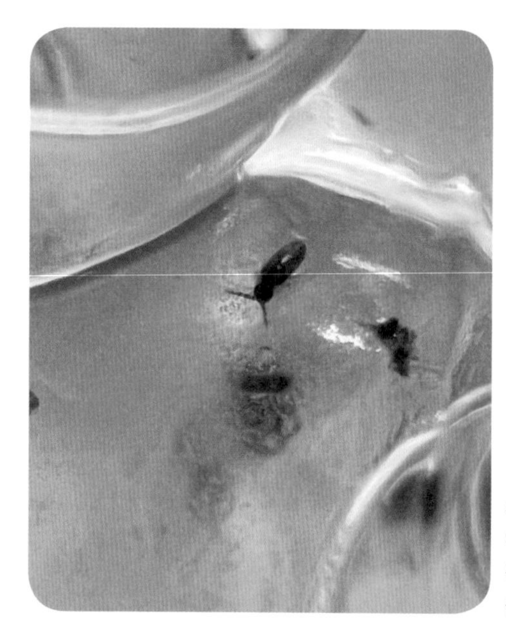

뿌리 이외에 수초를 계속 먹기도 해요. 톡토기는 여러 가지 종류가 있다고 하는데, 더듬이가 있으며 몸이 가느다랗고 흙 속에 있으면 아마 톡토기일 거예요.

Q 더워져서 식물이 시들해졌어요
A 빨리 물에 살짝 담가 두세요

특히 **여름철에 식물이 시들해졌을 때**가 많아요. 식물마다 차이는 있겠지만, 유효 수분역*보다 물이 적어지면 식물은 일단 뿌리를 뻗습니다. 그래도 물을 얻지 못했다면 금방 물 고갈 상태가 됩니다.

시든 식물은 대처가 빠르면 빠를수록 부활하기가 쉬워집니다. **화분을 반쯤 물에 담가 놓는 게** 가장 효과적이에요. **화분보다 큰 용기나 화분 받침에 물을 넣고, 거기에 화분을 통째로 반나절 정도 담가 두면** 대부분 건강해집니다.

단, 딱 하나 주의점이 있어요. 식물은 뿌리가 썩었을 때도 시들시들해지는 경우가 있거든요. 구분하는 방법은 이렇습니다. **낙엽이 있는가, 시들해졌을 때 흙이 젖어 있었는가.** 여기에 **해당하면 뿌리가 썩은 것이니 물에 담가도 효과가 없답니다.**

* 유효 수분역: 토양 속에 있는 물 중에서 식물이 이용할 수 있는 수분의 양.

화초도 관엽식물도, 웬만한 식물에 모두 효과적인 방법이니, 만일의 경우에는 물에 담가 싱싱하게 만들어보세요!

Q 왠지 식물에 힘이 없어 보여요
A 분갈이를 추천! 비료가 부족할지도

식물은 뭐니 뭐니 해도 뿌리가 우선입니다. 씨앗이 발아할 때도 처음엔 뿌리가 먼저 나오고, 꺾꽂이를 한 포기도 잎보다 먼저 뿌리가 나오지요.

식물들도 건물과 마찬가지로 줄기나 잎은 토대(뿌리)보다 더 크게 자랄 수 없답니다. **힘이 없어 보인다면** '흙 속에서 뿌리를 잘 뻗고 있나?'라며 **뿌리의 상태를 신경써서** 보세요. 식물은 새 뿌리가 나지 않으면 건강해지기가 어렵습니다.

그런데 식물은 **비료가 부족할 때도 똑같이** 힘이 없고 시름시름한 분위기를 내뿜지요. 그중에서도 꽃는 타입의 발근 촉진제만 주고 다른 비료는 주지 않는 경우가 많습니다. 이렇게 하면 확실하게 비료가 부족해지고, 오래된 잎의 잎맥이 비쳐서 누르스름해집니다. **뿌리와 비료, 이 2가지를 주의하면 식물은 건강해질** 거예요.

이런 증상이 보인다면 흡수가 빠른 액체 비료를 먼저 주세요.

Q 밝은 남향 방인데 잘 자라지 못해요
A 방에 들어오는 빛이 줄어드는 계절일 수도

집 안에서 가장 밝은 곳은 남향 방입니다. 그런데 **여름이 가까워지면 태양의 위치가 높아져서 남향인 방에서도 안까지 빛이 닿기가 어려워집니다. 특히 아파트 같은 공동 주택 중에 베란다가 있는 집**은 들어오는 빛의 양이 크게 줄어드는 경우가 있습니다. 이것이 생육을 방해하는 원인 중 하나이지요.

게다가 남향이라고 해서 안심하면 안 되는 것은 바로 방 안에 놓은 식물의 위치예요. 아무리 **남향이라고 해도 창문에서 멀리 떨어진 방은 어둡지요.** 계절이나 집의 창문 방향에 따라 식물에 가장 적합한 장소가 바뀔 수 있으니 쉬는 날에 빛이 어떻게 들어오는지, 식물들을 천천히 관찰해 보세요. 새로운 특등석을 찾을 수 있을지도 몰라요.

같은 방인데도 이렇게 밝기에 차이가 있어요!

트러블 21

Q 겨울이 되니까 말라 가는데요
A 추위 때문에 힘이 빠졌을 가능성이 있어요

기온이 낮아지는 겨울은 식물에게 매우 괴로운 시기입니다. 그중에서도 **창가에 뒀거나 바닥에 직접 놨거나 야외에서 관리하는 식물들은 높은 확률로 뿌리가 다쳐요.**

식물의 흙은 기본적으로 수분을 머금고 있지만, 겨울이 되면 그 수분이 뿌리에 냉기를 전해주게 됩니다. 뿌리가 차가워지면 즉시 약해져서 지상 부분이 단숨에 시들어버립니다. 특히 **최저 기온이 15℃ 아래로 떨어지면, 식물을 선반 위에 올려 두거나 따뜻한 거실로 모아서 보온에 주력**하세요. 식물은 적응하는 생물이라서 1년 내내 밖에 둬도 시들게 하지 않는 분도 계시지만, 기본적으로 보온을 하는 게 가장 좋습니다. 그렇게 하면 안전하게 겨울을 나고, 겨울에도 선명한 녹색을 즐길 수 있답니다.

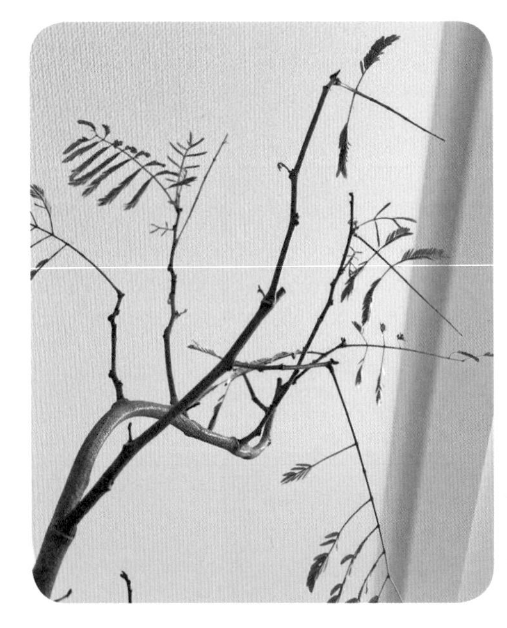

겨울에 낙엽이 거의 떨어진 아이. 지상부는 볼품없어도 뿌리만 살아 있다면 봄에 부활하지요. 뿌리는 따뜻하게 유지해주세요.

Q 햇빛이 가득한 여름! 그런데 성장 속도가 더뎌요
A 관엽식물은 여름을 싫어하니까요

기온이 높으면 높을수록 식물은 잘 자란다는 이미지가 있는데, 실제로는 **25℃ 부근을 정점으로 더 올라가면 광합성 속도가 떨어지는** 식물이 많습니다. 또한 식물은 빛이 적을 때 **'암호흡'**이라 불리는 호흡을 하는데, **온도가 높아질수록 그 호흡 속도는 빨라져요.** 왠지 고등학교 생물 시간에 나올 것 같은 이야기인데, 다시 말해 **광합성을 하기 어려운데다가 호흡만 해도 지치는 것이 여름**이랍니다.

열대우림 하면 덥다는 느낌이 드는데, 사실 기온 자체는 그렇게까지 높아지지 않기도 해요. 여름 느낌이 나는 선인장도 낮에는 덥지만 밤에는 기온이 뚝 떨어지는 사막에서 살고 있으니 이곳의 여름을 좋아할 리가 없지요.

밤에도 더운 여름. 왼쪽 그림처럼 식물들은 숨을 헐떡이며 버티고 있답니다. 선인장은 안간힘을 써서 기공을 닫고 선선한 가을까지 잠을 자는 경우가 많아요.

Q 식물 이름이 하나도 기억이 안 나요
A 'Google 렌즈'가 있으면 뚝딱이죠

식물을 사 왔는데 이름이 적힌 태그를 버려서 나중에 '근데 이 야자처럼 생긴 식물은 이름이 뭐더라?' 하는 일이 의외로 많습니다. 그리고 '매장에는 <고무나무>라고만 적혀 있었는데, 품종 이름이 뭘까?'라며 궁금해지는 경우도 분명 있지요. 이럴 때는 **'Google 렌즈'**가 정말 도움이 많이 된답니다.

스마트폰 종류에 따라서는 처음부터 설치되어 있는 경우도 있는데, 일반적으로는 'Google 어플'을 다운 받아서 사용합니다. 'Google 어플'은 **검색창 오른쪽 끝에 카메라 마크가 붙어 있습니다. 그걸 눌러서 사진을 찍거나 사진첩에 있는 사진을 불러오면,** 그 사진과 비슷한 사진을 찾아준답니다.

'Google 어플'을 켜고 식물 사진을 찍거나 사진을 불러오면, 사진과 똑같은 특징을 가진 식물이 검색됩니다.

Google
검색

이 검색창 오른쪽에 있는 카메라 마크를 눌러 보세요.

Q 한참이 지났는데도 꺾꽂이순에서 뿌리가 안 나요
A 꺾꽂이순이 거꾸로 되어 있을 가능성도

꺾꽂이를 하는 식물에서 뿌리를 내고 싶을 때는 **보통 식물이 이어져 있던 쪽이 아래로 가게** 해야 합니다. 고무나무나 스킨답서스, 몬스테라 등은 줄기 전체를 물에 담가도 문제없는데, **산세비에리아처럼 잎꽂이(73쪽 참조)로 늘리는 타입은 방향에 주의하세요.**

산세비에리아는 자른 후에 위아래를 구분하기가 정말 어려워서 매직 같은 걸로 표시를 해놓는 분들도 많아요. 저도 전에 좀비 식물이라 불리는 다육식물을 물꽂이 했던 적이 있는데, 한참 동안 뿌리가 나지 않아 궁금해서 잘 살펴봤더니 위아래가 반대로 되어 있었다는 걸 알아차리고 허겁지겁 방향을 바꿨답니다. 그러니 바로 뿌리가 나더라고요. 여러분도 식물의 위아래 방향에 주의하세요.

위아래를 제대로 꽂았더니 뿌리를 잘 내준 아이. 방향이 정말 중요해요.

맺음말

이 책을 마지막까지 읽어 주셔서 감사합니다.
이 책을 선택해주신 분들, 그리고 평소에는 화면 너머로 만나는 인스타그램 팔로워분들. 여러분이 어떤 마음으로 이 책을 읽어주셨는지 정말 궁금합니다.
이 책을 읽고 식물을 사랑하는 마음이 조금은 더 커졌나요?

여름에 덥고 겨울에 추운 날씨 탓에 식물들은 최선을 다해 자라 주고 있음에도 가끔 약해진답니다.
식물에게 그런 트러블이 생겼을 때 이 책을 떠올리고, '그러고 보니 구리토가 그런 말을 했었지!' 하며 극복해주시면 정말 기쁠 것 같아요.

솔직히 제 인생에 책을 내는 날이 오리라곤 1mm도 상상하지 못했답니다.
그런데 제 이름이나 제가 기르는 식물이 실린 책이 이 세상에 나왔구나! 아니 나오고 말았구나! 이렇게 말해야 될까요.

제작하는 동안에는 여러 가지 힘든 일들이 있었는데, 특히 설명용 사진을 촬영하느라 정말 고생했어요. 식물의 컨디션은 매일 다르기도 하고, '이럴 줄 알았으면 조금 더 예쁜 화분에 심어놓을걸'이라며 살짝 후회하면서도 있는 모습을 그대로 실었습니다. 그러니 좋은 의미에서 '친근한 사진'을 보실 수 있을 거예요.

마지막으로 한두 마디만 더 할게요.
제가 올리는 글을 기대하고 응원해주신 분들, 생산자와 원예 가게 분들,
이 책의 제작을 통해 정말 많은 분과 알게 되었어요.
그중에서도 책을 만들어주신 편집자·직원분들, '시간'이라는 귀중한 것을 만들어 준 아내에게는 이 자리를 빌려 감사의 말씀을 전하고 싶습니다.
정~~~~말 감사합니다!

구리토